经济管理虚拟仿真实验系列教材

遥感与GIS应用实习教程

Training Course of Remote Sensing and Geographic Information System

吕志强　编著

西南财经大学出版社
Southwestern University of Finance & Economics Press

图书在版编目(CIP)数据

遥感与 GIS 应用实习教程/吕志强编著. 一成都:西南财经大学出版社,2016.1

ISBN 978 - 7 - 5504 - 1925 - 4

Ⅰ.①遥…　Ⅱ.①吕…　Ⅲ.①遥感技术—高等学校—教材②地理信息系统—高等学校—教材　Ⅳ.①TP7②P208

中国版本图书馆 CIP 数据核字(2015)第 108809 号

遥感与 GIS 应用实习教程

吕志强　编著

责任编辑:林　伶
封面设计:杨红鹰　张姗姗
责任印制:封俊川

出版发行	西南财经大学出版社(四川省成都市光华村街55号)
网　　址	http://www.bookcj.com
电子邮件	bookcj@foxmail.com
邮政编码	610074
电　　话	028 - 87353785　87352368
照　　排	四川胜翔数码印务设计有限公司
印　　刷	四川森林印务有限责任公司
成品尺寸	185mm ×260mm
印　　张	19
字　　数	430 千字
版　　次	2016 年 1 月第 1 版
印　　次	2016 年 1 月第 1 次印刷
印　　数	1— 2000 册
书　　号	ISBN 978 - 7 - 5504 - 1925 - 4
定　　价	36.00 元

经济管理虚拟仿真实验教材系列丛书
编　委　会

主　任：孙芳城　郑旭煦

副主任：饶光明

委　员（排名不分先后）：

孙芳城　郑旭煦　饶光明　靳俊喜　余兴厚

曾晓松　周　莉　宋　瑛　毛跃一　叶　勇

王　兰　陈永丽　王　燕　王　宁　侯明喜

李大鹏　黄钟仪　程文莉

总 序

  高等教育的任务是培养具有实践能力和创新创业精神的高素质人才。实践出真知。实践是检验真理的唯一标准。大学生的知识、能力、素养不仅来源于书本理论与老师的言传身教，更来源于实践感悟与经历体验。

  我国高等教育从精英教育向大众化教育转变，客观上要求高校更加重视培育学生的实践能力和创新创业精神。以往，各高校主要通过让学生到企事业单位和政府机关实习的方式来训练学生的实践能力。但随着高校不断扩招，传统的实践教学模式受到学生人数多、岗位少、成本高等多重因素的影响，越来越无法满足实践教学的需要，学生的实践能力的培育越来越得不到保障。鉴于此，各高校开始探索通过实验教学和校内实训的方式来缓解上述矛盾，而实验教学也逐步成为人才培养中不可替代的途径和手段。目前，大多数高校已经认识到实验教学的重要性，认为理论教学和实验教学是培养学生能力和素质的两种同等重要的手段，二者相辅相成、相得益彰。

  相对于理工类实验教学而言，经济管理类实验教学起步较晚，发展相对滞后。在实验课程体系、教学内容、实验项目、教学方法、教学手段、实验教材等诸多方面，经济管理实验教学都尚在探索之中。要充分发挥实验教学在经济管理类专业人才培养中的作用，需要进一步深化实验教学的改革、创新、研究与实践。

  重庆工商大学作为具有鲜明财经特色的高水平多科性大学，高度重视并积极探索经济管理实验教学建设与改革的路径。学校经济管理实验教学中心于 2006 年被评为"重庆市市级实验教学示范中心"，2007 年被确定为"国家级实验教学示范中心建设单位"，2012 年 11 月顺利通过验收成为"国家级实验教学示范中心"。经过多年的努力，我校经济管理实验教学改革取得了一系列成果，按照能力导向构建了包括学科基础实验课程、专业基础实验课程、专业综合实验课程、学科综合实验（实训）课程和创新创业类课程五大层次的实验课程体系，真正体现了"实验教学与理论教学并重、实验教学相对独立"的实验教学理念，并且建立了形式多样，以过程为重心、以学生为中心、以能力为本位的实验教学方法体系和考核评价体系。

  2013 年以来，学校积极落实教育部及重庆市教委建设国家级虚拟仿真实验教学中心的相关文件精神，按照"虚实结合、相互补充、能实不虚"的原则，坚持以能力为导向的人才培养方案制定思路，以"培养学生分析力、创造力和领导力等创新创业能力"为目标，以"推动信息化条件下自主学习、探究学习、协作学习、创新学习、创业学习等实验教学方法改革"为方向，创造性地构建了"'123456'经济管理虚拟仿真实验教学资源体系"，即："一个目标"（培养具有分析力、创造力和领导力，适应经济社会发展需要的经济管理实践与创新创业人才）、"两个课堂"（实体实验课堂和虚拟仿真实验课堂）、"三种类型"（基础型、综合型、创新创业型实验项目）、"四大载体"（学科专业开放实验平台、跨学科综合实训及竞赛平台、创业实战综合经营平台和实验教学研发平台）、"五类资源"（课程、项目、软件、案例、数据）、"六个结合"（虚拟资源与实体资源结合、资源与平台结合、专业资源与创业资源结合、实验教学与科学研究结合、模拟与实战结合、自主研发与合作共建结合）。

为进一步加强实验教学建设，在原有基础上继续展示我校实验教学改革成果，学校经济管理虚拟仿真实验教学指导委员会统筹部署和安排，计划推进"经济管理虚拟仿真实验教学教材系列丛书"的撰写和出版工作。本系列教材将在继续体现系统性、综合性、实用性等特点的基础上，积极展示虚拟仿真实验教学的新探索，其所包含的实验项目设计将综合采用虚拟现实、软件模拟、流程仿真、角色扮演、O2O 操练等多种手段，为培养具有分析力、创造力和领导力，适应经济社会发展需要的经济管理实践与创新创业人才提供更加"接地气"的丰富资源和"生于斯、长于斯"的充足养料。

本系列教材的编写团队具有丰富的实验教学经验和专业实践经历，一些作者还是来自相关行业和企业的实务专家。他们勤勉耕耘的治学精神和扎实深厚的执业功底必将为读者带来智慧的火花和思想的启迪。希望读者能够从中受益。在此对编者付出的辛勤劳动表示衷心感谢。

毋庸讳言，编写经济管理类虚拟仿真实验教材是一项具有挑战性的开拓与尝试，加之虚拟仿真实验教学和实践本身还在不断地丰富与发展，因此，本系列实验教材必然存在一些不足甚至错误，恳请同行和读者批评指正。我们希望本系列教材能够推动我国经济管理虚拟仿真实验教学的创新发展，能对培养实践能力和创新创业精神的高素质人才尽绵薄之力！

重庆工商大学校长、教授

孙芳城

2015 年 7 月 30 日

2

前　言

　　遥感（Remote Sensing）是指非接触的，远距离的探测技术，一般指运用传感器、遥感器对物体的电磁波的辐射、反射特性的探测，并根据其特性对物体的性质、特征和状态进行分析的理论、方法和应用的科学技术。地理信息系统又称为"地学信息系统"（Geographic Information System 或 Geo-Information system，GIS），是在计算机软硬件系统支持下，对整个或部分地球表层（包括大气层）空间中的有关地理分布数据进行采集、储存、管理、运算、分析、显示和描述的技术系统。

　　遥感、地理信息系统技术和最近发展起来的全球定位技术，引起了地球科学的研究范围、内容、性质和方法的巨大变化，标志着地球科学的一场革命。随着空间信息市场的快速发展，影像数据与 GIS 的结合日益紧密，遥感与 GIS 的一体化集成也逐渐成为一种趋势和发展潮流。特别是近年来，遥感与 GIS 的综合应用是蓬勃发展起来的新兴技术领域。它们之间的综合应用集中了计算机、通信和地球科学、生物学等学科的最新成就，在地球系统科学、资源与环境科学以及农业、林业、地质、水文、城市与区域开发、海洋、气象、测绘等科学和国民经济的重大发展方面，发挥着越来越大的作用。

　　本教程在作者所开设的遥感基础与应用、地理信息系统、土地信息系统、环境信息系统等本科及研究生课程的基础上，介绍了遥感与地理信息系统的基本操作原理、方法和应用操作实例，并结合若干具体的学科问题开展了遥感与 GIS 综合应用的实际操作。

　　本书实用性强，可以使读者具备遥感与地理信息系统专业的使用知识以及分析和解决相关专业中实际问题的能力，并为进一步的学习研究打好基础。可供遥感、地理信息系统、生态环境与资源等领域的专业人士以及本科生、硕士和博士研究生参考，对从事资源与环境监测、管理评价和规划决策的人员具有实用价值。

　　本书由吕志强、庆旭瑶、庞容、邓睿编写，由于编者水平有限，书中存在着一些错误和不当之处，恳请广大读者批评指正。本书由编委会委员骆东奇教授主审并给予了许多宝贵的意见，在此表示诚挚的感谢！

　　全书所涉及实验数据文件均以 Img 格式提供，存放于本书数字资源包，请点击西南财经大学出版社数字资源平台 http://www.bookcj.com/download_content.aspx? id＝311 进行下载。

目 录

第一部分 遥感基础

遥感简介

遥感技术是 20 世纪 60 年代兴起并迅速发展起来的一门综合性探测技术。它是在航空摄影测量的基础上，随着空间技术、电子计算机技术等当代科技的迅速发展，以及地学、生物学等学科发展的需要，发展形成的一门新兴技术学科。从以飞机为主要运载工具的航空遥感，发展到以人造地球卫星、宇宙飞船和航天飞机为运载工具的航天遥感，大大地扩展了人们的观察视野及观测领域，形成了对地球资源和环境进行探测和监测的立体观测体系，使地理学的研究和应用进入到一个新阶段。

一、遥感系统

(一) 基本概念

遥感，从广义上说是泛指从远处探测、感知物体或事物的技术。遥感是不直接接触物体本身，从远处通过仪器（传感器）探测和接收来自目标物体的信息（如电场、磁场、电磁波、地震波等信息），经过信息的传输及其处理分析，识别物体的属性及其分布等特征的技术。通常遥感是指空对地的遥感，即从远离地面的不同工作平台上（如高塔、气球、飞机、火箭、人造地球卫星、宇宙飞船、航天飞机等）通过传感器，对地球表面的电磁波（辐射）信息进行探测，并经信息的传输、处理和判读分析，对地球的资源与环境进行探测和监测的综合性技术。当前遥感形成了一个从地面到空中乃至空间，从信息数据收集、处理到判读分析和应用，对全球进行探测和监测的多层次、多视角、多领域的观测体系，成为获取地球资源与环境信息的重要手段。遥感在地理学中的应用，进一步推动和促进了地理学的研究和发展，使地理学进入一个新的发展阶段。

(二) 遥感系统组成

根据遥感的定义，遥感系统包括目标物的电磁波特性、信息的获取、信息的接收、信息的处理和信息的应用五大部分。

(1) 目标物的电磁波特性

任何目标物都具有发射、反射和吸收电磁波的性质，这是遥感的信息源。目标物与电磁波的相互作用，构成了目标物的电磁波特性，它是遥感探测的依据。

（2）信息的获取

遥感信息获取是遥感技术系统的中心工作。遥感工作平台以及传感器是确保遥感信息获取的物质保证。

接收、记录目标物电磁波特征的仪器，称为传感器或遥感器。如扫描仪、雷达、摄影机、摄像机、辐射器等。它是信息获取的核心部件，在遥感平台上装载上传感器，按照确定的飞行路线飞行或运转进行探测，即可获得所需的遥感信息。

装载传感器的平台称遥感平台，主要有地面平台（如遥感车、手提平台、地面观测站等）、空中平台（如飞机、气球、其他航空器等）、空间平台（如火箭、人造卫星、宇宙飞船、空间实验室、航天飞机等）。

（3）信息的接收

传感器接收到目标物的电磁波信息，记录在数字磁介质或胶片上。胶片由人或回收舱送至地面回收，而数字磁介质上记录的信息则可通过卫星上的微波天线传输给地面的卫星接收站。

（4）信息的处理

地面站接收到遥感卫星发送来的数字信息，记录在高密度的磁介质上（如高密度磁带 HDDT 或光盘等），并进行一系列的处理，如信息恢复、辐射校正、卫星姿态校正、投影变换等，再转换为用户可使用的通用数据格式，或转换成模拟信号（记录在胶片上），才能被用户使用。

地面站或用户还可根据需要进行精校正处理和专题信息处理、分类等。

（5）信息的应用

遥感信息应用是遥感的最终目的。遥感信息应用应根据专业目标的需要，选择适宜的遥感信息及其工作方法进行，以取得较好的社会效益和经济效益。

遥感技术系统是一个完整的统一体。它是构建在空间技术、电子技术、计算机技术以及生物学、地理学等现代科学技术的基础上的，是完成遥感过程的有力技术保证。

二、ENVI 软件概述

ENVI（The Enviroment for Visualizing Images）是一个完整的遥感图像处理平台，其软件处理技术覆盖了图像数据的输入/输出、定标、图像增强、纠正、正射校正、镶嵌、数据融合以及各种变换、信息提取、图像分类、与 GIS 的整合、DEM 及三维信息提取，提供了专业可靠的波谱分析工具和高光谱分析工具。

ENVI 是一个完善的数字影像处理系统，具有全面分析卫星和航空遥感影像的能力。它能在各种计算机操作平台上提供强大新颖的友好界面，显示和分析任何数据尺寸和类型的影像。

由于采用了基于文件和基于波段的技术，ENVI 能够处理整个影像文件或单一的某个波段。当打开一个输入文件后，操作者可以使用所有的系统函数对波段进行操作。而当打开多个输入文件时，还可以从不同文件中选择波段一同进行处理。此外，ENVI 自带了多种波谱处理工具，可进行波谱提取、波谱库以及分析高光谱数据集，这些高光谱数据集涵盖了 AVIRIS、GERIS、GEOSCAN 和 HyMap 等数据。ENVI 除了先进的高光谱处理工具之外，它还提供了专门分析 SIR-C、AIRSAR 以及 TOPSAR 等雷达数据的工具。

ENVI 5 采用全新的软件界面，能高效地处理海量数据，快速显示和浏览大数据，新的数据集管理机制能方便地管理地图数据和影像数据；具备直观的 ENVI 功能菜单和 Toolbox，可兼容现有的 IDL 定制服务；具备改进的图像处理算法以及更多流程化的图像处理工具；具备改进的面向对象的流程化工具和影像处理工具；具备更高级的影像配准的功能；直接在 Toolbox 中就可以方便地调用 IDL 程序并进行功能扩展；直接使用了 ArcGIS 的坐标投影引擎；Toolbox For Arc GIS 集成更多的工具，如光谱分析、植被分析、波段运算等。

ENVI 5 包括菜单项、工具栏、图层管理、工具箱、状态栏几个组成部分，所有的操作都在一个窗口下。ENVI 5 在数据浏览、人机交互上跟以前的版本有点差别，但是 Toolbox 中工具的操作方式跟之前基本一样。ENVI 5 还保留了经典的"菜单+三视窗"的操作界面，若熟悉 ENVI 之前的版本，也可以将 ENVI 5 转换为经典界面。

这里由于考虑到部分用户熟悉之前的版本，在进行实验操作时将 ENVI 5 转换为经典界面。

1. ENVI 遥感图像处理系统

ENVI 是用交互式数据语言（IDL）编写的。IDL（Interactive Data Language）是一种用于图像处理的功能强大的结构化程序语言。IDL 拥有丰富的分析工具包，采用先进的图形显示技术，是集可视化、交互分析、大型商业开发为一体的高效开发环境。IDL 能够有效地从遥感影像中提取各种目标信息，可用于地物监测和目标识别，IDL 也使得 ENVI 具有其他同类软件无可比拟的可扩展性，IDL 允许对其特性和功能进行扩展或自定义，以符合用户的具体要求。这个强大而灵活的平台，可以让用户创建批处理、自定义菜单、添加自己的算法和工具，甚至将 C++ 和 Java 代码集成到用户工具中等。ENVI 全模块化设计易于使用，操作方便灵活，界面友好，广泛应用于科研、环境保护、气象、石油矿产勘探、农业、林业、医学、国防安全、地球科学、公用设施管理、遥感工程、水利、海洋、测绘勘察和城市与区域规划等行业，并在 2000、2001、2002 年连续三年获得美国权威机构 NIMA 遥感软件测评第一。

ENVI 强大的灵活性在很大程度上来源于 IDL 的功能。目前市面上有两种类型的 ENVI 环境——ENVI/IDL 完全开发版本和 ENVI 运行环境（ENVI RT），后者不带有底层 IDL 开发平台。专业 ENVI 用户应该对 IDL 交互式特性所提供的灵活性进行充分研究，这将为进行动态图像分析提供有力支持。ENVI RT 提供所有的 ENVI 功能，但是不能编写自定义程序。

2. ENVI 功能体系

ENVI 包含齐全的遥感影像处理功能，包括数据输入/输出、常规处理、几何校正、大气校正及定标、全色数据分析、多光谱分析、高光谱分析、雷达分析、地形地貌分析、矢量分析、神经网络分析、区域分析、GPS 连接、正射影像图生成、三维景观生成、制图等，这些功能连同丰富的可供二次开发调用的函数库，组成了非常全面的图像处理系统。ENVI 对于要处理的图像波段数没有限制，可以处理最先进的卫星格式，如 Landsat7、IKONOS、SPOT、RADARSAT、NASA、NOAA、EROS 和 TERRA，并准备接受未来所有传感器的信息。

ENVI 作为功能强大的遥感软件，扩展 ENVI 的功能包括创建波段和波谱数学函数、自定义数据输入、交互式用户程序和 ENVI 二次开发等。ENVI 的扩展，包括波段和波谱运算函数，自定义空间、波谱、感兴趣区域（ROI）的处理、用户函数，自定义文件输入程序，分批处理，其他如报告和绘图工具等。ENVI 提供了一系列工具为程序员使用，能够极大地简化自定义程序的开发，并保持和 ENVI 一致的外观。

（1）数据输入/输出

1972 年美国发射了第一颗地球资源技术卫星 ERTS-1。从那时起，一些国家和国际组织相继发射各种资源卫星、气象卫星、海洋卫星以及监测环境灾害的卫星，包括我国发射的风云系列卫星和中巴地球资源一号卫星（CBERS-1），构成了对地观测网，多平台、多层面、多种传感器、多时相、多光谱、多角度和多种空间分辨率的遥感影像数据，以惊人的数量快速涌来。把同一地区各类影像的有用信息聚合在一起，将有利于增强多种数据分析和环境动态监测能力，改善遥感信息提取的及时性和可靠性，有效地提高数据的使用率，为大规模的遥感应用研究提供一个良好的基础，使花费大量经费获得的遥感数据得到充分利用。

ENVI 能够输入的数据：

ENVI 能处理多种卫星获取的不同传感器、不同波段和不同空间分辨率的数据，包括美国 Landsat 系列卫星、小卫星 IKONOS 和环境遥感卫星 TERRA，法国 SPOT 卫星，我国的风云系列卫星和 CBERS-1 获取的数据。ENVI 还能处理未来更多传感器收集到的数据。ENVI 还能处理光学传感器和雷达传感器数据，即：海洋卫星数据 SeaWIFS（Level 1B HDF），军事卫星数据 Military（ADRG、CADRG、CIB、NITF），热红外数据 Thermal（TIMS、MASTER），雷达数据 IRS（Fast）、CEOS（ERS-1、ERS-2、JERS-1）、Radar（RADARSAT、ERS、JERS、JPL TOPSAR & POLSAR、SIR-C、AIRSAR、SIR-C/X-SAR），高程数据 DTED、USGS DEM、USGS SDTS DEM、DRG、DOQ、DEM、SDTS DEM，高光谱数据 AVIRIS、CASI、ATSR、CADRG、CIB 等。

ENVI 也可以处理通用格式的图像数据，如格式为 TIFF、GEOTIFF、JPEG、BMP、SRF、XWD、MrSid（影像压缩格式）的数据；处理地理信息系统的数据，包括 ARC/Info 的，e00、ArcView Shape 的，shp、ADRG、AutoCAD 的，DXF、MapInfo 的，mif、Microstation 的，DGN 的等多种格式的数据。

ENVI 与其他常用遥感图像处理软件是兼容的，能处理它们产生的影像数据，如 PCI 及 pix 格式的数据，ERDAS IMAGINE 8.X 的数据，ER Mapper、ARC/Info Images 的的数据，bil 格式的数据。ENVI 能自动导入/导出遥感影像的投影信息，大大地简化了用户在不同软件系统之间转换数据的繁琐过程。

除了以上各种固定的数据格式外，ENVI 还支持广泛的科学数据格式，读取 ASCII 数据、二进制数据、底层开发平台 IDL 的变量、甚至用户自定义格式的数据。ENVI 同时提供对遥感数据特有的头文件信息进行编辑的功能。

ENVI 能够输出的数据格式：

ENVI 的影像格式（．img）；通用影像格式（．TIFF）；如有地理坐标信息，则可另输出成 GeoTIFF 文件或 tfw TIFF 文件 GIF 、JPEG 、ASCII 等；其他遥感影像格式，如 ERDAS、ERMAPPER、PCI、ARC/INFO Images 使用的数据格式；PostScript 格式；影像传输格式，NITF（National Imagery Transmission Format）02.00（MIL-STD-2500A）或 02.10（MIL-STD-2500B）。

（2）强大的多光谱影像处理功能

ENVI 能够充分提取图像信息，具备全套完整的遥感影像处理工具，能够进行文件处理、图像增强、掩膜、预处理、图像计算和统计、分类及后处理、图像变换和滤波、图像镶嵌、融合等。ENVI 遥感影像处理软件具有丰富完备的投影软件包，可支持各种投影类型。同时，ENVI 还创造性地将一些高光谱数据处理方法用于多光谱影像处理，可更有效地进行知识分类、土地利用动态监测。

（3）更便捷地集成栅格和矢量数据

ENVI 包含所有基本的遥感影像处理功能，如：校正、定标、波段运算、分类、对比增强、滤波、变换、边缘检测及制图输出功能，并可以加注汉字。ENVI 具有对遥感影像进行配准和正射校正的功能，可以给影像添加地图投影，并与各种 GIS 数据套合。ENVI 的矢量工具可以进行屏幕数字化，栅格和矢量叠合，建立新的矢量层，编辑点、线、多边形数据，缓冲区分析，创建并编辑属性，进行相关矢量层的属性查询。

（4）ENVI 的集成雷达分析工具能快速处理雷达数据

用 ENVI 完整的集成式雷达分析工具可以快速处理雷达 SAR 数据，提取 CEOS 信息并浏览 RADARSAT 和 ERS-1 数据。用天线阵列校正、斜距校正、自适应滤波等功能提高数据的利用率。纹理分析功能还可以分段分析 SAR 数据。ENVI 还可以处理极化雷达数据，用户可以从 SIR-C 和 AIRSAR 压缩数据中选择极化和工作频率，用户还可以浏览和比较感兴趣区的极化信号，并创建幅度图像和相位图像。

（5）地形分析工具

ENVI 具有三维地形可视分析及动画飞行功能，能按用户制定路径飞行，并能将动画序列输出为 MPEG 文件格式，便于用户演示成果。

（6）预处理影像

ENVI 提供了自动预处理工具，可以快速、轻松地预处理影像，以便进行查看浏览或其他分析。通过 ENVI 可以对影像进行以下处理：正射校正、影像配准、影像定标、大气校正、创建矢量叠加、确定感兴趣区域（ROI）、创建数字高程模型（DEMs）、影像融合、掩膜和镶嵌、调整大小、旋转、数据类型转换。

（7）探测影像

ENVI 提供了一个直观的用户界面和易用的工具，让用户轻松、快速地浏览和探测影像。用户可以使用 ENVI 完成的工作包括：浏览大型数据集和元数据、对影像进行视觉对比、创建强大的 3D 场景、创建散点图、探测像素特征等。

（8）分析影像

ENVI 提供了业界领先的图像处理功能，方便用户从事各种用途的信息提取。ENVI 提供了一套完整的经科学实践证明的成熟工具来帮助用户分析影像。

（9）数据分析工具

ENVI 包括一套综合数据分析工具，可通过实践证明的成熟算法快速、便捷、准确地分析图像，创建地理空间统计资料，如自相关系数和协方差，计算影像统计信息，如平均值、最小/最大值、标准差。ENVI 还具备提取线性特征、合成雷达影像、主成分计算、变化检测、空间特征测量、地形建模和特征提取、应用通用或自定义的滤波器、执行自定义的波段和光谱数学函数等功能。

（10）光谱分析工具

光谱分析是通过像素在不同波长范围上的反应，来获取有关物质的信息。ENVI 拥有目前最先进的，易于使用的光谱分析工具，能够很容易地进行科学的影像分析。ENVI 的光谱分析工具包括以下功能：

运用监督和非监督方法进行影像分类、使用强大的光谱库识别光谱特征、检测和识别目标、识别感兴趣的特征、对感兴趣物质的分析和制图、执行像素级和亚像素级的分析、使用分类后处理工具完善分类结果、使用植被分析工具计算森林健康度。

最后，ENVI 提供了将图像数据转换到最终地图格式的工具。这包括：图像→图像和图像→地图的配准、正射校正、图像镶嵌、地图合成。使用 ENVI 提供的一整套矢量GIS 输入、输出和分析工具可以将行业标准的 GIS 数据加载到 ENVI 中，并对矢量和GIS 属性进行浏览和分析，编辑现有矢量；还可以进行属性查询。使用矢量层可进行栅格分析或从栅格图像的处理结果中生成新的矢量 GIS 层，并生成标准的 GIS 输出格式文件。

ENVI 提供的大部分功能都可以直接在图像分析界面和对话框中完成。

3. ENVI 使用说明

（1）ENVI 的使用

ENVI 采用了图形用户界面（GUI），仅通过点击鼠标就能访问影像处理的功能模块，还可以使用三键鼠标对菜单和函数进行选择。

注意：在 Windows 环境下使用双键鼠标操作 ENVI，可按 Ctrl 键加鼠标左键来模拟三键鼠标的中间键。如果在 Macintosh 环境下使用单键鼠标操作 ENVI，可以按 Option 键加鼠标键来模拟鼠标右键；按 Command 键加鼠标键来模拟鼠标中间键。

启动 ENVI 后，其主菜单将会以菜单栏的方式出现在屏幕上。在 ENVI 主菜单的任意一个菜单项上点鼠标左键就会出现子菜单选项，而每一个选项中可能还含有子菜单，包含更多的选项。通常点击这些子菜单会打开一个对话框，这些对话框需要输入与所选的 ENVI 功能模块相对应的影像信息，或者设置相应的参数。

（2）ENVI 文件格式

ENVI 使用的是通用栅格数据格式，包含一个简单的二进制文件和一个相关的ASCII（文本）的头文件。该文件格式允许 ENVI 使用几乎所有的影像文件，包括包含自身嵌入头信息的影像文件。

通用栅格数据都会存储为二进制的字节流，通常它将以 BSQ（按波段顺序）、BIP（波段按像元交叉）或者 BIL（波段按行交叉）的方式进行存储。

4. ENVI 软件界面系统介绍

（1）主菜单

所有的 ENVI 操作都通过使用 ENVI 主菜单来激活，它由横跨屏幕顶部的一系列按钮水平排列而成（见图1）。

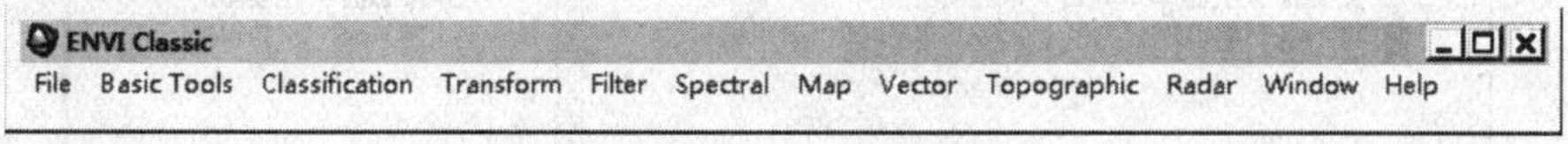

图1

File：ENVI 的文件管理功能。如打开文件，设置默认参数，退出 ENVI，实现其他文件和项目的管理功能等。

Basic Tools：提供对多种 ENVI 功能的访问。如 Regions of Interest 功能可以用于多重显示，Band Math 功能用于对图像进行一般的处理，Stretch Data 功能提供了进行文件对比度拉伸的一个典范。

Classification：分类。如监督分类和非监督分类（Supervised/Unsupervised）、决策树分类（Decision Tree）、波谱端元收集（Endmember Collection）、分类后处理（Post classification）等。

Transform：图像转换功能。如图像锐化（Image Sharpening），波段比计算（Band Ratio），主成分分析（Principle Components Analysis）等。

Filter：滤波分析。包括卷积滤波（Convolutions）、形态学滤波（Morphology）、纹理滤波（Text）、自适应滤波（Adaptive）和频率域滤波（傅立叶变换 FFT）。

Spectral：多光谱和高光谱图像以及其他波谱数据类型的分析。包括波谱库的构建、重采样和浏览，抽取波谱分割，波谱运算，波谱端元的判断，波谱数据的 N 维可视化，波谱分类，线性波谱分离，匹配滤波，包络线去除以及波谱特征拟合。

Map：图像的配准（Registration）、正射校正（Ortho Retification）、镶嵌（Mosaicking）、转化地图坐标和投影、构建用户自定义投影、转换 ASCII 坐标、GPS-Link。

Vector：打开矢量文件，生成矢量文件，管理矢量文件，将栅格图像（包括分类图像）转换为 ENVI 矢量图层，不规则点栅格化，以及将 ENVI 矢量文件（EVF）、注记文件（ANN）以及感兴趣区（ROI）转换为 DXF 格式的文件。

Topographic：可以对地形数字高程数据进行打开、分析和输出等操作。比如提取阴影（Hill Shade）、提取地形特征（Topographic Feature），三维表面分析（3D Surface）等。

Radar：对雷达数据的处理。如打开文件、拉伸、颜色处理、分类、配准、滤波、几何纠正等，另外还提供可分析极化雷达数据的特定工具。

（2）可用波段列表

①在主菜单上打开任何文件，可用波段列表（Available Bands List）自动打开（见图2）。比如，打开图像文件，File→Open an image file。

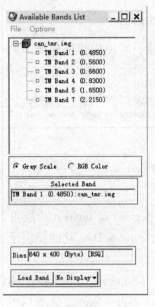

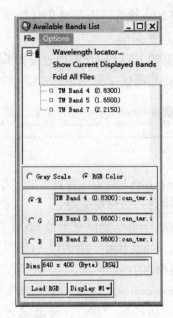

图2   图3

②可用波段列表顶部的菜单栏（见图3），带有的两个下拉菜单：File 和 Option 来操作。

File：打开、关闭文件，显示文件信息和退出可用波段列表的功能。

Options：提供三项功能，查找接近特定波长的波段、显示当前所打开的波段、将一幅已打开的影像的所有波段名折叠显示。

③在可用波段列表框选择需要显示的波段。

④Gray Scale 显示一幅灰阶图像。

单击需要显示的波段，它将显示在一个标签为"Selected Band"的小文本框中。

在窗口底部点击"Load Band"，加载影像。

⑤RGB Color 显示一幅彩色图像。

在序列中点击所需要显示的红、绿和蓝波段名。

在窗口底部点击"Load Band"，加载影像。

⑥"Dims"显示文件格式，比如"BSQ"代表波段顺序存储格式。每行数据后面紧接着同一波谱的下一行数据，这种格式最适合于对单个波段中任何部分的空间（X，Y）存储。

（3）图像显示窗口

主图像窗口（Image）：100%显示（全分辨率显示）Scroll 的方框，功能菜单条包括5个下拉菜单，控制所有的 ENVI 交互显示功能。其包括图像链接和动态覆盖，空间和波谱剖面图，对比度拉伸，彩色制图，ROI 的限定，光标位置和值，散点图和表面图，注记、网格、图像等值线和矢量层等的覆盖（叠置），动画，存储和图像打印等文件管理工具，浏览显示信息和打开显示的显示控制。

滚动窗口（Scroll）：只有要显示的图像比主图像窗口能显示的图像大时，才会出现滚动窗口。

缩放窗口（Zoom）：放大显示了影像的某一部分，（200×200）显示在 Image 的方框中。缩放系数（用户自定义）出现在窗口标题栏的括号中（见图4）。

图4

第一部分安排了 ENVI 软件基本操作，共分为7个实验，主要针对遥感影像处理，即遥感影像几何校正、融合、镶嵌、裁剪、增强、图像分类、面向对象特征提取。

实验一　图像几何校正

一、基础知识

(一) ENVI 中带地理坐标的影像

ENVI 的影像配准和几何纠正工具允许用户将基于像素的影像定位到地理坐标上,然后对它们进行几何纠正,使其匹配基准影像的几何信息。使用全分辨率(主影像窗口)和缩放窗口来选择地面控制点(GCPs),进行影像到影像和影像到地图的配准。基准影像和未校正影像的控制点坐标都会显示出来,同时由指定的校正算法所得的误差也会显示出来。地面控制点预测功能能够使对地面控制点的选取简单化。

使用重采样、缩放比例和平移(这三种方法通称 RST),以及多项式函数(多项式系数可以从 1 到 n),或者 Delaunay 三角网的方法,来对影像进行校正。所支持的重采样方法包括最近邻法(Nearest Neighbor)、双线性内插法(Bilinear Interpolation)和三次卷积法(Cubic Convolution)。使用 ENVI 的多重动态链接显示功能对基准影像和校正后的影像进行比较,可以快速地评估配准的精度。

(二) 图像几何校正概述

遥感图像的几何纠正是指消除影像中的几何形变,产生一幅符合某种地图投影或图形表达要求的新影像。

一般常见的几何纠正有从影像到地图的纠正,以及从影像到影像的纠正,后者也称为影像的配准。遥感影像中需要纠正的几何形变主要来自相机系统误差、地形起伏、地球曲率以及大气折射等。几何纠正包括两个核心环节:一是像素坐标的变换,即将影像坐标转变为地图或地面坐标;二是对坐标变换后的像素亮度值进行重采样。

本实验将针对不同的数据源和辅助数据,提供以下几种校正方法:

Image to Image 几何校正:以一副已经经过几何校正的栅格影像作为基准图,通过从两幅图像上选择同名点(GCPs)来配准另一幅栅格影像,使相同地物出现在校正后的图像相同位置。大多数几何校正都是利用此方法完成的。选取 ENVI 主菜单→Map→Regisstration→Select GCPs:Image to Image,可以实现影像到影像的配准。

Image to Map 几何校正:通过地面控制点对遥感图像几何进行平面化的过程,控制点可以从键盘输入、从矢量文件中获取或者从栅格文件中获取。地形图校正就采取这种方法。选取 ENVI 主菜单→Map→Regisstration→Select GCPs:Image to Map,可以实现影像到地图的配准。

Image to Image 自动图像配准:根据像元灰度值自动寻找两幅图像上的同名点,根据同名点完成两幅图像的配准过程。当同一地区的两幅图像由于各自校正误差的影像,使得图上的相同地物不重叠时,可利用此方法进行调整。选择 ENVI 主菜单→Map→Regisstration→Automatic Regisstration:Image to Image,可以实现图像自动配准。

二、目的和要求

熟练掌握在 ENVI 中对影像进行地理校正，添加地理坐标，以及针对不同的数据源和辅助数据，掌握以下几种校正方法：Image to Image 几何校正、Image to Map 几何校正、Image to Image 图像自动配准。

实验数据文件以 Img 格式提供，存放于本书数字资源包（… \ ex1 \ Data \ etm1234567. img 和 tm1234567. img）。

三、实验步骤

（一）Image to Image 几何校正

这一部分将逐步演示影像到影像的配准处理过程。带有地理坐标的 ETM 影像被用作基准影像，一个基于像素坐标的 TM 影像将被进行校正，以匹配该 ETM 影像。

1. TM 传感器

TM 数据是第二代多光谱段光学机械扫描仪，是在 MSS 基础上改进和发展而成的一种遥感器。TM 采取双向扫描，提高了扫描效率，缩短了停顿时间，并提高了检测器的接收灵敏度。

（1）波段设置：Landsat4、Landsat5 机载 TM 传感器，均含 7 个波段（见表 1-1）。

（2）周期及覆盖范围：Landsat4 经过赤道时间是 9：45am，Landsat5 经过赤道时间是 9：30am，覆盖地球范围 N81°~S81.5°，覆盖周期均为 16 天，扫描宽度 185km。

（3）服役时间：Landsat4 于 1982 年发射并于 1983 年传感器失效退役，Landsat5 于 1984 年发射后至今仍在服役。

表 1-1　　　　　　　　　　　TM 传感器波段设置

波段	波长范围（um）	分辨率（m）
1	0.45~0.52	30
2	0.52~0.60	30
3	0.62~0.69	30
4	0.76~0.96	30
5	1.55~1.75	30
6	10.40~12.50	30
7	2.08~2.35	30

各波段的特征：

TM1：0.45~0.52um，蓝波段。对叶绿素和叶色素浓度敏感，对水体穿透强，用于区分土壤与植被、落叶林与针叶林，近海水域制图，有助于判别水深和水中叶绿素分布以及水中是否有水华等。

TM2：0.52~0.60um，绿波段。对健康茂盛植物的反射敏感，对绿的穿透力强，用于探测健康植物绿色反射率，按绿峰反射评价植物的生活状况，区分林型、树种和反映水下特征。在所有的波段组合中，TM2 波段分类精度是最高的，达到了 75.6%。从单时相遥感影像的分类来讲，这种分类精度只相当于中等水平。但若从多时相图像的角度来看，这一精度则相当于在采用分类后比较法时，每一景图像的平均分类精度需达到 86.9% 的水平，而这种分类精度，特别是在山区，其实已经是比较好的了。

TM3：0.62~0.69um，红波段。叶绿素的主要吸收波段，反映不同植物叶绿素吸收及植物健康状况，用于区分植物种类与植物覆盖率，其信息量大多为可见光最佳波段，广泛用于地貌、岩性、土壤、植被、水中泥沙等方面。

TM4：0.76~0.96um，近红外波段。对无病害植物近红外反射敏感，对绿色植物类别差异最敏感，为植物通用波段，用于目视调查、作物长势测量、水域测量、生物量测定及水域判别。

TM5：1.55~1.75um，中红外波段。对植物含水量和云的不同反射敏感，处于水的吸收波段，一般 1.4~1.9um 内反映含水量，用于土壤湿度、植物含水量调查及作物长势分析，从而提高了区分不同作用长势的能力，可判断含水量和雪、云。在 TM7 个波段光谱图像中，一般第 5 个波段包含的地物信息最丰富。

TM6：10.40~12.50um，远红外波段。可以根据辐射响应的差别，区分农林覆盖长势、差别表层湿度、监测与人类活动有关的热特征。可作温度图，对植物热强度测量。

TM7：2.08~3.35um，中红外波段。为地质学家追加波段，处于水的强吸收带，水体呈黑色，可用于区分主要岩石类型、岩石的热蚀度，探测与岩石有关的黏土矿物。位于水的吸收带，受两个吸收带控制。对植物水分敏感。

2. ETM+传感器

ETM+（Enhanced Thematic Mapper）是增强型专题制图仪，是美国陆地卫星 7（LANDSAT-7）于 1999 年 4 月 15 日由美国航天航空局发射时，携带的增强型专题成像传感器。

（1）波段设置：共 8 个波段（见表 1-2）。

（2）覆盖周期及范围：覆盖周期 16 天，扫描宽度 185km×170km。

（3）卫星服役时间：Landsat6 和 landsat7 机载 ETM+传感器，但是 Landsat6 发射失败，Landsat7 于 1999 年发射后在 2005 年出故障退役。

表 1-2 　　　　　　　　　　　ETM+传感器波段设置

波段	波长范围（um）	分辨率（m）
1	0.45~0.515	30
2	0.525~0.605	30
3	0.63~0.690	30
4	0.75~0.90	30
5	1.55~1.75	30
6	10.40~12.50	60

表1-2（续）

波段	波长范围（um）	分辨率（m）
7	2.09~2.35	30
8	0.52~0.90	15

各个波段的特征：

ETM1：0.45~0.515um，蓝波段。该波段位于水体衰减系数最小的部位，对水体的穿透力最大，用于判别水深，研究浅海水下地形、水体浑浊度等，进行水系及浅海水域制图。

ETM2：0.525~0.605um，绿波段。该波段位于绿色植物的反射峰附近，对健康茂盛植物反射敏感，可以识别植物类别和评价植物生产力，对水体具有一定的穿透力，可反映水下地形、沙洲、沿岸沙坝等特征。

ETM3：0.63~0.690um，红波段。该波段位于叶绿素的主要吸收带，可用于区分植物类型、覆盖度，判断植物生长状况等。此外该波段对裸露地表、植被、岩性、地层、构造、地貌、水文等特征均可提供丰富的植物信息。

ETM4：0.75~0.90um，近红外波段。该波段位于植物的高反射区，反映了大量的植物信息，多用于植物的识别、分类，同时它也位于水体的强吸收区，用于勾绘水体边界，识别与水有关的地质构造、地貌等。

ETM5：1.55~1.75um，短波红外波段。该波段位于两个水体吸收带之间，对植物和土壤水分含量敏感，从而提高了区分作物的能力。此外，在该波段上雪比云的反射率低，两者易于区分，B5的信息量大，应用率较高。

ETM6：10.40~12.50um，热红外波段。该波段对地物热量辐射敏感，根据辐射热差异可用于作物与森林区分，水体、岩石等地表特征识别。

ETM7：2.09~2.35um，短波外波段。波长比B5大，是专为地质调查追加的波段，该波段对岩石、特定矿物反应敏感，用于区分主要岩石类型、岩石水热蚀变，探测与交代岩石有关的黏土矿物等。

ETM8：0.52~0.90um，全色波段（Pan）。该波段为Landsat7新增波段，它覆盖的光谱范围较广，空间分辨率较其他波段高，因而多用于获取地面的几何特征。

3. 操作步骤

（1）启动ENVI。

（2）分别打开并显示标准影像和校正影像。

①打开并显示Landsat TM图像。

从ENVI主菜单中，选择File→Open Image File。

当Enter Data Filenames对话框出现后，从列表中选择tm1234567.img（待校正影像）文件。把待校正TM影像波段加载到可选波段列表（Available Bands List）中，如图1-1。

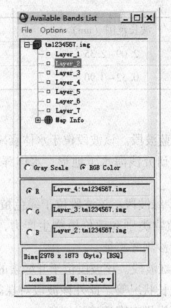

图 1-1　可选波段列表

选择 "RGB Color" 显示一幅彩色图像，分别把 4、3、2 波段加入到 R、G、B 通道，显示标准假彩色影像。

点击 No Display 按钮，并从下拉式菜单中选择 New Display。

点击 Load Band 按钮，把 TM 标准假彩色影像加载到一个新的显示窗口 Display #1 中。

用同样的方法把标准影像 etm1234567.img（已具有投影信息的参考影像）加载到另一个新的显示窗口 Display#2 中（见图 1-2）。

注意：只有空间分辨率相同的几幅影像才可以同时加载到 R、G、B 通道中，比如 ETM+的影像的第 8 波段就不能与其他波段一起加载。

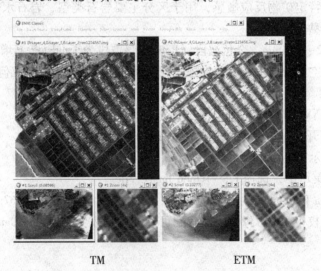

TM　　　　　　　　　　　　　　ETM

图 1-2　标准影像与校准影像的对比显示

②显示光标位置/值

要打开一个显示主影像窗口、滚动窗口或者缩放窗口中光标位置信息对话框，可以按以下步骤进行操作。

从主影像窗口菜单栏中，选择 Tools→Cursor Location/Value（见图 1-3）。

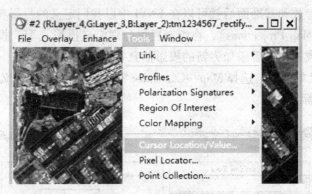

图 1-3　主影像窗口

在主影像窗口、滚动窗口和缩放窗口的 TM 影像上，移动光标。注意坐标是以像素为单位给出的，这是因为这个影像是基于像素坐标的，它不同于上面带有地理坐标的影像（见图 1-4）。

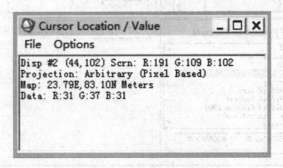

图 1-4　显示光标位置/值

选择 File→Cancel，关闭 Cursor Location/Value 对话框。

（3）定义北京 54 坐标系

一般国外商业软件坐标系都分为标准坐标系和自定义坐标系两种。我国的情况较为特殊，往往需要自定义坐标系。所以在第一次使用 ENVI 时，需要对系统自定义北京 54 坐标系或西安 80 坐标系。

在 ENVI 中自定义坐标系分三步：添加参考椭球体、添加基准面和定义坐标参数。

①添加参考椭球体

根据每台电脑安装的路径，找到 ENVI 系统自定义坐标文件夹。

以记事本形式打开 ellipse. txt，将"Krasovsky, 6378245.0, 6356863.0"和"IAG-75, 6378140.0, 6356755.3"加入文本末端（这里主要是为了修改克拉索夫斯基因音译而产生的错误，以便让其他软件识别；另外中间的逗号必须是英文半角）。

②添加基准面

以记事本格式打开 datum. txt，将 "Beijing-54, Krasovsky, -12, -113, -41" 和 "Xi' an-80, IAG-75, 0, 0, 0" 加入文本末端。

③定义坐标

定义完椭球参数和基准面后就可以在 ENVI 中以我们定义的投影参数新建一个投影信息（Customize Map Projections），在编辑栏里分别定义投影类型、投影基准面、中央子午线、缩放系数等，最后添加为新的投影信息并保存。

从 ENVI 主菜单栏中，选择 Map→Customize Map Projections，定义坐标系。按图 1-5 定义北京 54 坐标系：

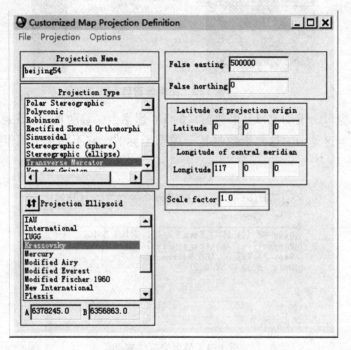

图 1-5　自定义坐标系

定义好之后，在 Customized Map Projection Definition 对话框中，选择菜单栏中的 Projection→Add New Projection，将投影添加到 ENVI 所用的投影列表中（见图 1-6）。

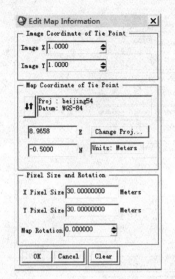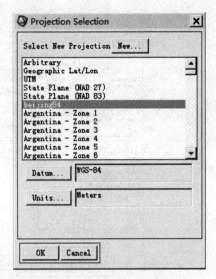

图 1-6　编辑地图信息及投影选择

选择 File 分别填写投影系名称、投影类型、选择投影基准面、偏移距离以及中央经线和中央纬线、缩放比例。然后点击 Projections，添加新坐标，便将该投影信息添加到 ENVI 所用的投影列表中。选择 File→Save Projections，存储新的或更改过的投影信息，完成自定义投影坐标操作。打开保存的 map_ proj. txt，查看新建的坐标信息（见图 1-7）。

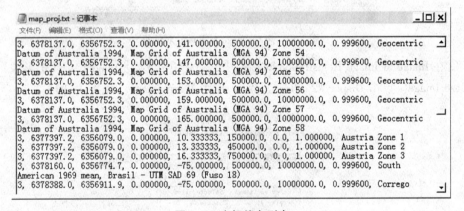

图 1-7　坐标信息列表

（4）修改 ENVI 头文件中的地图信息

①定义投影信息。打开数据文件，数据的投影信息丢失或在 ENVI 下不能识别，在 ENVI 中不能读取数据的投影信息，ENVI 自动加载一个"伪投影信息"，重新设定投影信息。

②在可选波段列表中，鼠标右键点击 etm1234567. img 标准影像文件名下的 Map Info 图标，从弹出的快捷菜单中选择 Edit Map Information。

③在 Edit Map Information 对话框中，点击 Change projection，修改坐标信息，选择刚刚建立好的北京 54 坐标系，点击 OK。同理修改校正影像的坐标系（见图 1-8）。

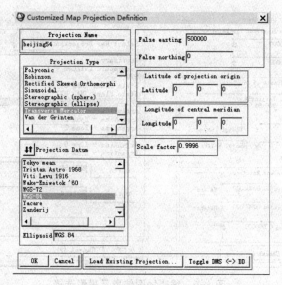

图 1-8　自定义坐标系

（5）采集地面控制点

①从 ENVI 主菜单栏中，选择 Map→Registration→Select GCPs：Image to Image（见图 1-9）。

图 1-9　启动 Image to Image 对话框

②在 Image to Image Registration 对话框中，点击并选择 Display#1（ETM 影像），作为 Base Image。点击 Display#2（TM 影像），作为 Warp Image（见图 1-10）。

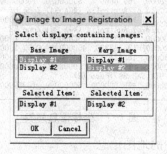

图 1-10　选择基准图像与待校正图像

③点击 OK，启动配准程序。通过将光标放置在两幅影像的相同地物点上，来添加单独的地面控制点（见图 1-11）。

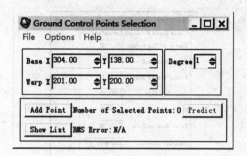

图 1-11　地面控制点工具对话框

RMS Error（Root Mean Square Error，均方根误差）可以显示总的 RMS 误差。为了最好的配准，应该试图使 RMS 误差最小化。

Predict 预测点坐标功能。

④在两个缩放窗口中，查看光标点所处位置。如果需要，在每个缩放窗口所需位置上，点击鼠标左键，调整光标点所处的位置。注意在缩放窗口中支持亚像元（Sub-pixel）级的定位。缩放比例越大，地面控制点定位的精度就越好。

⑤选择 Options→Auto Predict，打开自动预测功能，这时在基准图像显示窗口上面定位一个特征点，校正图像显示窗口上会自动预测。

⑥在 Ground Control Points Seletion 对话框中，点击 Add Point，把该地面控制点添加到列表中。点击 Show List 看地面控制点列表。用同样的方法继续寻找其余的点，注意对话框中所列的实际影像点和预测点坐标。

⑦当选择一定数量的控制点之后（至少 4 个），可以利用自动找点功能。在 Ground Control Points Seletion 对话框中，选择 Options→Automatically Generate Tie Points（见图 1-12）。

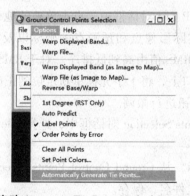

图 1-12　启动 Automatic Tie Point Method Parameter 对话框

⑧在 Automatic Tie Point Method Parameter 对话框中，设置 Tie 点的数量（Number of Tie Point）为 50；其他选择默认参数，点击 OK 按钮（见图 1-13）。

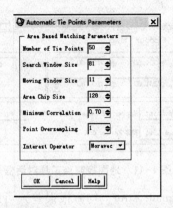

图 1-13　Tie 点选择参数设置

⑨在 Ground Control Points Selection 上，单击 Show List 按钮，可以看到选择的所有控制点列表（见图 1-14）。

	Base X	Base Y	Warp X	Warp Y	Predict X	Predict Y	Error X
#13+	1189.00	367.00	1380.57	397.89	1425.857	403.2228	45.2841
#15+	2044.00	167.00	2474.38	172.90	2498.1421	211.0509	23.7671
#18+	1198.00	131.00	1454.36	205.04	1478.974	169.2072	24.6121
#12+	1740.00	360.00	2136.06	387.61	2096.240	400.7867	-39.8156
#7+	559.50	363.25	693.75	415.50	662.0452	394.3444	-31.7048
#2+	683.00	921.00	683.00	921.00	709.2037	947.2109	26.2037
#19+	2283.00	360.00	2739.40	436.03	2755.656	405.2282	16.2561
#3+	548.00	784.00	548.00	784.00	569.8951	810.2797	21.8951

图 1-14　地面控制点列表

⑩在 Image to Image GCP List 对话框中，点击单独的地面控制点。查看两幅影像中相应地面控制点的位置、实际影像点和预测点的坐标以及 RMS 误差。选择 Options→Order Points by Error，按照 RMS 值由高到低排序。对于 RMS 值过高的，一是直接删除，二是在两个图像的 Zoom 窗口上，将十字光标重新定位到正确的位置，点击 Image to Image GCP List 上的 Update 按钮进行微调。

⑪在 Ground Control Points Selection 对话框中，选择 File→Save GCPs to ASCII，将控制点保存。

⑫保存地面控制点坐标，从 Ground Control Points Selection 对话框中，选择 File→Save GCPs to ASCII，输入文件名，保存。

⑬在 Ground Control Points Selection 对话框中，选择 Options→Clear All Points，可以清掉所有已选择的地面控制点。

（6）校正影像

我们可以校正显示的影像波段，也可以同时校正多波段影像中的所有波段。这里我们对整个影像进行校正。

①从 Ground Control Points Selection 对话框中，选择 Options→Warp File，选择校正

文件。

②在校正参数（Warp Parameters）对话框中，校正方法选择 Polynomial（2 次）。

③重采样选择 Bilinear，背景值（Background）为 0。

④在 Output Image Extent 对话框中，默认是根据基准图像大小计算，可以进行适当调整。

⑤选择输出路径和文件名，单击 OK。

校正参数说明：

ENVI 提供三种校正方法：RST 法（Rotation 旋转、Scaling 缩放、translation 平移）、多项式校正法（polynomial）和三角校正法（Delaunay triangulation）。

RST 法纠正是最简单的方法，需要三个或更多的 GCPs 运行图像的旋转、缩放和平移。仿射变换：

$$x = a_1 + a_2X + a_3Y$$
$$y = b_1 + b_2X + b_3Y$$

6 个参数，至少要 3 个控制点。这种算法没有考虑图像校正时的"Shearing"（切变）。为了允许切变，应该使用一阶的多项式校正法。虽然 RST 方法是非常快的，但是，在大多数情况下，使用一阶的多项式法校正能得到更加精确的结果。

多项式校正法（Polynomial）可以实现 1 次到 n 次多项式纠正。在"Degree"里输入需要的次数，可以得到的次数依赖于选择的控制点数（#GCPs），要求（次数+1）2<=#GCPs，比如说希望 Degree＝2，#GCPs 必须>=9。考虑到切变，一阶的多项式法校正算法如下：

$$x = a_1 + a_2X + a_3Y + a_4XY$$
$$y = b_1 + b_2X + b_3Y + b_4XY$$

三角法校正（Triangulation）实际上是运用了德洛内（Delaunay）三角测量法。Delaunay 三角测量法就是利用不规则空间 GCPs 建立 Delaunay 三角形（由与相邻 Voronoi 多边形（即泰森多边形）共享一条边的相关点连接而成的三角形），并把值内插到所输出的格网中。

Zero Edge 选择是否要在三角测量纠正数据的边缘，用单个像元的背景颜色作边界。选择这一项，将避免一个也许出现在纠正图像的边缘"托影（Smearing）"效果。

重采样（Resampling）的三种方法：最邻近法（Nearest Neighbor）、双线性内插法（Bilinear interpolation）、三次卷积法（Cubic Convolution）

在"Background Value"里，输入 DN（Digital number）值，设定背景值（在纠正图像里，DN 值用于填充没有图像数据显示的区域）。

输出图像大小范围（Output Image Extent），由纠正输入图像的包络矩形大小自动设定。所以，输出的纠正图像大小通常与基图像（Base Image）的大小不一样。输出大小的坐标由基图像坐标决定。所以，左上角的值（Upperleft Corner Values）一般也不是（0，0），而是显示的从基图像左上角原点计算的 X 和 Y 值。这些偏移值被储存在文件头里，并允许基图像和纠正图像的动态覆盖（叠置），尽管它们的大小不同。

选择输出到"File"或"Memory"，File 保存为文件，Memory 保存在内存中。

点击 OK。ENVI 会把结果直接输出可用波段列表（Available Bands List）。

（7）比较结果

使用动态链接来检验校正结果：

①在可用波段列表（Available Bands List）中，选择 tm1234567. img 文件。在 Display#下拉式按钮中选择 New Display，点击 Load Band 将该文件加载到一个新的显示窗口中。

②在主影像窗口中，点击鼠标右键，选择 Tools→Link→Link Displays，使用动态链接。

③在 Link Displays 对话框中，点击 OK，把标准影像（etm123456. img）和已添加了地理坐标的 tm1234567-warp 影像链接起来（见图1-15）。

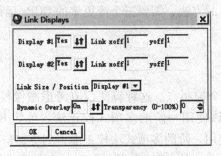

图 1-15　影像动态链接

④在主影像显示窗口中，点击鼠标左键，使用动态链接功能，对标准影像和校正后的影像进行比较（见图1-16）。

⑤取消动态链接功能，选择 Tools→Link→Unlink Displays。

校正前 TM　　　　有投影信息的 ETM　　　　校正后 TM

图 1-16　检验校正结果

（8）查看地图坐标

①从主影像窗口菜单栏中，选择 Tools→Cursor Location/Value，或者在主影像窗口直接右键选择 Cursor Location/Value，显示光标位置/值。

②浏览带地理坐标的数据集，注意不同的重采样法和校正法对数据值所产生的效果。

③选择 File→Cancel，关闭该对话框。

（二）Image to Map 几何校正

1. 打开并显示地形图

从 ENVI 主菜单中，选择 File→Open image file，打开地形图文件。

2. 定义坐标

（1）从 ENVI 主菜单栏中，选择 Map→Registration→Select GCPs：Image to Map。

（2）在 Image to Map Registration 对话框中，点击并选择 New，重新定义一个坐标系。

（3）在 Customized Map Projection Definition 对话框中，设置坐标投影参数，点击 OK，应用自定义坐标（见图 1-17）。

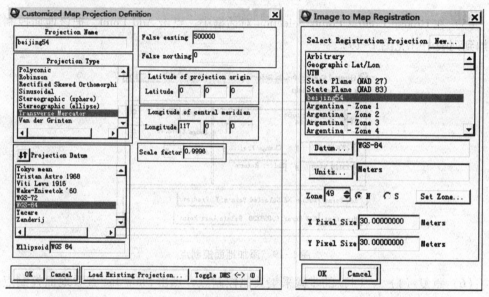

图 1-17　自定义坐标系

3. 采集地面控制点

地面控制点采集有以下几种方式：键盘输入、从栅格文件中采集、从矢量文件中采集。

下面介绍从栅格文件采集地面控制点：

（1）打开栅格文件，在 Available Bands List 中选择图像显示波段，加载到 Display 窗口。

（2）在窗口中寻找明显的地物特征点作为 GCP 输入。

（3）在 Zoom 窗口中，将十字光标定位到地物特征点进行精确定位。

（4）在窗口中右键打开快捷菜单选择 Pixel Locator 或者在主影像窗口菜单下，选择 Tools→Pixel Locator，在 Pixel Locator 对话框中，通过移动方向键使定位更精确。点击 Export，系统自动将定位点输入 Ground Control Points Selection 对话框中（见图 1-18）。

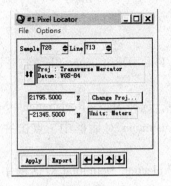

图 1-18　控制点定位

（5）在 Ground Control Points Selection 对话框中，点击 Add Point，把该地面控制点添加到列表中（见图 1-19）。

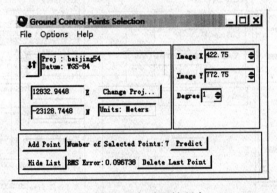

图 1-19　添加地面控制点

（6）重复（1）～（4）的步骤采集其他控制点，点击 Show list 查看地面控制点列表（见图 1-20）。

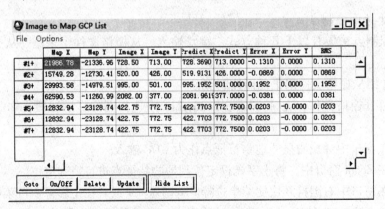

图 1-20　地面控制点列表

注意：在缩放窗口中支持亚像元（Sub-pixel）级的定位，缩放的比例越大，地面控制点的精度就越高。地面控制点的选择除了通过移动光标之外还可以直接在同名地物点上通过鼠标进行点击完成。在 Show List 对话框中，一旦已经选择了 4 个以上的地面控制点后，RMS 误差就会显示出来。

（7）如果选择的控制点中，某点的误差很大，应删除该点，重新寻找新的点来代替。在 Show Lis 对话框中用鼠标点击该点，选择 Delete 即可删除该点。如果对所有选择的控制都不满意的话，可以通过 Ground Control Points Selection 对话框，选择 Options→Clear All Points，清除掉所有的已选择的地面控制点。

（8）若选择的地面控制点比较满意，控制点的数量足够且均匀分布，选择 File→Save GCPs to ASCII，将控制点保存，完成控制点采集工作。

4. 校正影像

我们可以校正显示的影像波段，也可以同时校正多波段影像中的所有波段。这里我们对整个影像进行校正。

（1）从 Ground Control Points Selection 对话框中，选择 Options→Warp File，选择校正文件。

（2）在校正参数（Warp Parameters）对话框中，校正方法选择 Polynomial（2 次）。

（3）重采样选择 Bilinear，背景值（Background）为 0。

（4）在 Output Image Extent 对话框中，默认是根据基准图像大小计算，可以进行适当调整。

（5）选择输出路径和文件名，单击 OK。

5. 比较结果

将标准矢量数据与经过校正的图像加载到 Display 中，在主影像窗口中，点击鼠标右键打开快捷菜单，选择 Geographic Link，使用动态链接，检查校正结果。

（三）Image to Image 图像自动配准

由于几何校正误差的原因，同一地区的图像或者相邻地区有重叠区的图像，重叠区的相同地物不能重叠，这种情况对图像的融合、镶嵌等操作带来很大影响。可以利用重叠区的匹配点和相应的计算模型进行精确配准。

下面以两幅经过几何校正，重叠区的相同地物不能重叠的图像为例介绍自动配准：

1. 分别打开并显示标准影像与校正影像

（1）打开并显示两幅影像 tm1234567_ rectify. img 和 etm123456. img。

（2）在主菜单中，选择 Map→Registration→Automatic Registration：Image to Image（见图 1-21）。

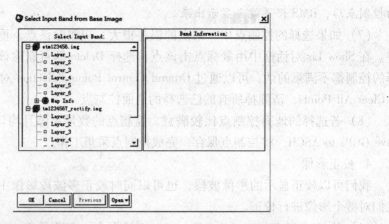

图 1-21 启动 Select Input Band from Base Image 对话框

在两个视窗同时显示两景影像，用 Link 工具进行连接，查询两者关系。

（3）选择 etm123456.img 的其中一个波段为基准图像，在 Select Input Warp File 对话框中选择另一个图像的相应波段作为校正图像，单击 OK。注意选择与基准图像相同的波段（见图 1-22）。

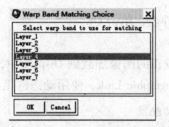

图 1-22 选择校正图像的匹配波段

（4）在弹出的 ENVI Question 提示框内，选择"是"，弹出匹配点文件选择对话框；选择"否"，直接进入下一步（见图 1-23）。

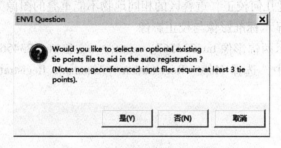

图 1-23 选择已经存在的匹配点文件

2. 生成匹配点

自动图像配准工具提供了基于区域灰度匹配方法产生匹配点。如下设置地面控制点的自动匹配参数选项（见图 1-24）。单击 OK，系统自动寻找匹配点。

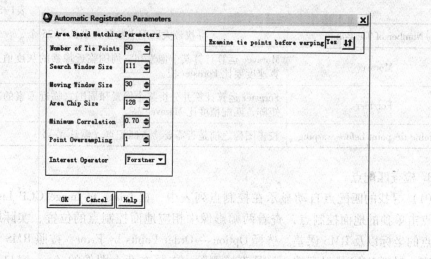

图 1-24 基于区域的自动匹配参数选项

对话框中各参数设置的意义见表 1-3。

表 1-3 自动匹配参数及意义

Number of Tie Points	寻找最大匹配点数量，默认为 25 个
Search Window Size	搜索窗口的大小。搜索窗口是影像的一个子集，移动窗口在其中进行扫描寻找地形特性匹配。搜索窗口大小可以是大于或等于 21 的任意整数，并且必须比移动窗口大。其默认值为 81，即搜索窗口的大小为 81×81 像素。该参数的值越大，找到匹配点的可能性也越大，但同时也要耗费更多的计算时间。
Moving Window Size	移动窗口的大小。移动窗口是在搜索窗口中进行检查，寻找地形特征匹配的小区域。移动窗口大小必须是奇数。最小的移动窗口大小是 5，即为 5×5 像素。使用较大的移动窗口将会获得更加可靠的匹配结果，但也需要更多的处理时间。默认设置值为 11，即移动窗口大小为 11×11 像素。移动窗口的大小跟影像空间分布率有关，根据如下所列设置： 大于等于 10 米分辨率影像，设置值的范围是 9~15。 5~10 米分辨率影像，设置值的范围是 11~21。 1~5 米分辨率影像，设置值的范围是 15~41。 小于 1 米分辨率影像，设置值的范围是 21~81 或者更高。
Area Chip Size	设定用于提取特征点的区域切片大小，默认值为 128。最小值为 64，最大值为 2045。
Minimum Correlation	最小相关系数。设定可以被认为是候选匹配点的最小相关系数，默认值为 0.7。如果使用了很大的移动窗口，把这个值设小一些。比如移动窗口的值为 31 甚至更大，最小相关系数设为 0.6 甚至更小。
Point Oversampling	采样点数目。设定在一个影像切片中采集匹配点的数目。这个值越大，得到的匹配点越多，所花时间越长。如果想获取高质量的匹配点，而且不想检查匹配点，这个值推荐使用 2。
Interest Operator	设定感兴趣运算的算法：Moravec 和 Forstner。

表1-3(续)

Number of Tie Points	寻找最大匹配点数量，默认为 25 个
Moravec	Moravec 运算计算某个像素和它周围临近像素的灰度值差异，运算速度要比 Fornster 快。
Forstner	Fornster 运算计算并分析某个像素和周围它临近像素的灰度梯度矩阵，匹配精度比 Moravec 高。
Examine tie point before warping	校正图像之前是否需要检查匹配点（默认 Yes）。

3. 检查匹配点

（1）寻找的匹配点自动显示在控制点列表中，在 Image to Image GCP List 对话框中，点击单独的地面控制点，查看两幅影像中相应地面控制点的位置、实际影像点和预测点的坐标以及 RMS 误差。选择 Options→Order Points by Error，按照 RMS 值由高到低排序。对于 RMS 值过高的，一是直接删除，二是在两个图像的 Zoom 窗口上，将十字光标重新定位到正确的位置，点击 Image to Image GCP List 上的 Update 按钮进行微调（见图 1-25）。

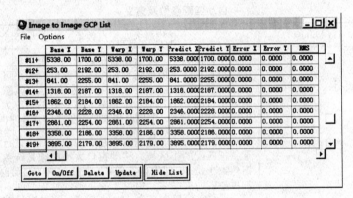

图 1-25　地面控制点波段列表

（2）若选择的地面控制点比较满意，控制点的数量足够且均匀分布，选择 File→Save GCPs to ASCII，将控制点保存，完成控制点采集工作。

4. 输出结果

（1）从 Ground Control Points Selection 对话框中，选择 Options→Warp File，选择校正文件。

（2）在校正参数（Warp Parameters）对话框中，校正方法选择 Polynomial（两次）。

（3）重采样选择 Bilinear，背景值（Background）为 0。

（4）在 Output Image Extent 对话框中，默认是根据基准图像大小计算，可以进行适当调整。

（5）选择输出路径和文件名，单击 OK。

5. 比较结果

打开标准图像和经过校正的图像，显示在 Display 窗口中，在主影像窗口中，点击鼠标右键打开快捷菜单，选择 Geographic Link，使用动态链接，检查校正结果。

四、问题思考

1. ENVI 针对不同的数据源和辅助数据，如何选取适当的校正方法？

2. 引起遥感影像位置畸变的原因是什么？如果不做几何校正，遥感影像有什么问题？如果做了几何校正，又会产生什么新的问题？

实验二 图像融合

一、基础知识

图像融合是将低空间分辨率的多光谱图像或高光谱数据与高空间分辨率的数据重新采样，生成一幅高分辨率多光谱遥感图像的图像处理技术。融合后的图像既有较高的空间分辨率，又具有多光谱特征，从而便于目视解译。高空间分辨率图像可以使全色图像，也可以是单波段合成孔径雷图像。

进行融合的图像要么是具有相同的地理坐标系统，要么覆盖相同的地理区域且图像大小相同、像素大小相同、具有相同的方向。如果图像不具有相同的地理坐标系统，低空间分辨率的图像必须采样到与高空间分辨率图像的像素大小相同。

ENVI 中提供了两种融合方法：HSV 变换和 Brovey 变换。这两种方法均要求数据具有地理参考或者具有相同的尺寸，RGB 输入波段必须为无符号 8-bit 数据或从打开的彩色 Display 中选择。

二、目的和要求

掌握 ENVI 图像融合方法：HSV 变换和 Brovey 变换。理解 ENVI 融合后生成既具有较高的空间分辨率，又具有多光谱特征的图像，以 TM 与 SPOT 数据融合为例。要求学会 HSV 变换、Brovey 变换两种操作过程。

实验数据文件以 Img 格式提供，存放于本书数字资源包（…\ex2\Data\TM-30m. img 和 SPOT. img）。

三、实验步骤

（一）HSV 变换

这一部分将介绍融合操作，它将对两幅不同分辨率的带地理坐标的数据集进行融合处理。我们将使用配准过的 TM 彩色合成影像作为低分辨率的多光谱影像，而带地理坐标的 SPOT 影像作为高分辨率的影像。融合后的结果为增强空间分辨率的彩色合成影像。

1. HSV 变换操作过程

打开融合的两个文件：TM-30m. img 和 SPOT. img（分别在两个 Display 窗口中显示）。显示之前配准好 30 米分辨率的 TM 彩色合成影像，点击可用波段列表中的 RGB

单选按钮，将波段 4、波段 3 和波段 2（分别对应 R、G 和 B）加载到一个新的显示窗口中。

显示 SPOT 影像，点击可用波段列表中的 Gray Scale 按钮，然后点击 Display#按钮，从下拉菜单中选择 New Display。点击 Load Band 按钮，将 SPOT 影像加载到一个新的显示窗口中。

将 SPOT 影像同 TM 影像进行比较，注意影像中相似的几何信息，以及不同的空间范围和影像比例，步骤如下：

（1）从 ENVI 主菜单中，选择 Transform→Image Sharpening→HSV（见图 2-1）。

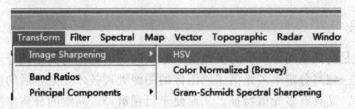

图 2-1　启动 Select Input RGB 对话框

（2）在 Select Input RGB 对话框中，Select Input for Color Bands 列表下选择 TM 影像的波段 4、波段 3 和波段 2，然后点击 OK（见图 2-2）。

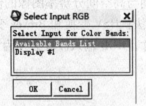

图 2-2　选择显示波段

（3）打开 High Resolution Input File 对话框。在 Select Input Band 列表中选择 SPOT 影像，点击 OK（见图 2-3）。

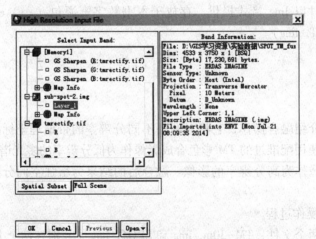

图 2-3　选择高空间分辨率的单波段图像

（4）在 HSV Sharpening Parameters 对话框中，选择一种重采样方法，在 Output Result to 中输入输出文件名 TM_ SPOT_ fusion. img，点击 OK（见图 2-4）。一个显示处理进度的状态条出现在屏幕上。当处理完成后，新生成的影像会自动出现在可用波段列表中。

图 2-4　选择重采样方法

（5）在可用波段列表中，选择 RGB Color 单选按钮，然后从列出的新生成的文件中，选择 R、G 和 B 波段，点击 Load RGB。将融合后的彩色影像加载到一个新的显示窗口中。

（6）将 HSV 融合后的彩色影像同原始 TM 彩色合成影像以及 SPOT 影像进行比较（见图 2-5）。

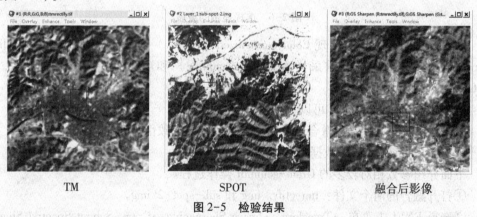

TM　　　　　　　　　　SPOT　　　　　　　　　融合后影像

图 2-5　检验结果

2. 叠合地图公里网

（1）在 HSV 变换融合后的主影像显示窗口中，选择 Overlay→Grid Lines。出现 Grid Line Parameters 对话框，一个虚拟的边框也会添加到影像中，允许在影像外部显示地图公里网的标注。

（2）在 Grid Line Parameters 对话框中，选择 File→Restore Setup。在随后打开的 Enter Grid Parameters Filename 对话框中，选择 bldrtmsp. grd 文件，点击 Open。以前保存过的公里网参数被加载到对话框中。

（3）点击 Apply，在影像中放置公里网。

3. 叠合影像注记

（1）从 HSV 变换融合后的主影像显示窗口中，选择 Overlay→Annotation。

（2）在相应的 Annotation：Text 对话框中，选择 File→Restore Annotation，在文件列表中选择 bldrtmsp. ann 文件，点击 Open。将以前保存过的地图注记加载到影像上。按住滚动窗口的一角，并拖动鼠标，拉大该滚动窗口。

（3）输出影像地图。

（二）Brovey 变换

（1）打开融合的两个文件：TM-30m. img 和 bldr_ sp. img（分别在两个 Display 窗口中显示），将 TM-30m. img 以 RGB 格式显示在 Display 窗口中。

（2）选择主菜单→Transform→Image Sharpening→Color Normalized（Brovey），在 Select Input RGB 对话框中，有两种选择方式——可用波段列表中选择或 Display 窗口中选择，选择 Display#1 窗口中的 RGB，单击 OK 按钮（见图 2-6）。

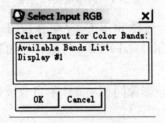

图 2-6　选择显示的波段

（3）选中相应波段，出现 Color Normalized（Brovey）对话框，在 Color Normalized（Brovey）对话框中，选择重采样方式（Resampling）和输入文件路径及文件名，单击 OK。

对于多光谱图像，ENVI 可以利用以下融合技术：

Gram-Schmidt：能保持融合前后图像波谱信息的一致性。

Color normalized：要求数据具有中心波长和 FEHM。

下面介绍参数相对较多的 Gram-schmidt 操作过程。

①打开融合的两个文件：tmrectify. img 和 sub-spot-2. img。

②选择 ENVI 主菜单→Transform→Image Sharpening→Gram-Schmit Spectral Sharpening，在 Select Low Spatial Resolution Multi Band Input File 对话框中，选择低分辨率多光谱图像 tmrectify. img，在 Select High Spatial Resolution Pan Input Band 对话框中，选择高分辨率单波段图像 sub-spot-2. img，弹出 Gram-Schmit Spectral Sharpening 对话框。

③在 Gram-Schmit Spectral Sharpening 对话框中，选择降低高分辨率全色波段（见图 2-7）。

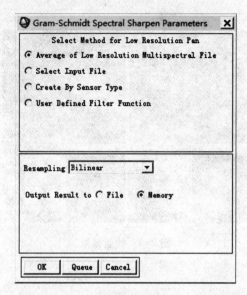

图 2-7　Gram-Schmit Spectral Sharpening Parameters **输出对话框**

（4）选择重采样方式（Resampling）和输入文件路径及文件名，单击 OK 按钮输出结果（见图 2-8）。

图 2-8　选择重采样方法

（5）融合后结果如下，可以对两幅图像链接进行比较（见图 2-9）。

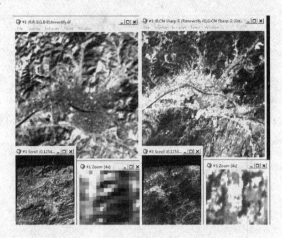

图 2-9　检验结果

四、问题思考

1. 两幅影像在融合前需要做哪些准备，才可能得到满意的结果？

2. 思考低空间分辨率的多光谱图像或高光谱数据与高空间分辨率的单波段图像融合的原理。

实验三　图像镶嵌

一、基础知识

图像镶嵌是把多景相邻遥感影像拼接成一个大范围的影像图的过程，把多幅影像连接合并，以生成一幅单一的合成影像。ENVI 提供了基于像元的拼接和基于地理坐标的拼接两种方法。ENVI 提供对无地理信息图像的交互拼接功能和对有地理信息的图像的自动拼接功能。镶嵌程序提供了透明处理、直方图匹配，以及颜色自动平衡的选项功能。ENVI 的虚拟镶嵌功能还允许用户快速浏览镶嵌结果，避免输出占用很大内存。

把多幅影像连接合并，以生成一幅单一的合成影像，主要存在镶嵌颜色不一致、接边以及重叠等问题。

二、目的和要求

熟练掌握 ENVI 基于像元的拼接和基于地理坐标的拼接两种方法。学会使用 ENVI 无地理信息图像的交互拼接功能和对有地理信息的图像的自动拼接功能以及设置透明度、直方图匹配和自动颜色匹配的选项功能。此外，掌握 ENVI 的虚拟拼接功能可以避免输出占用很大空间的文件。要求掌握两种图像镶嵌的方法（基于地理坐标的图像镶嵌和基于像素的图像镶嵌）。

实验数据文件以 Img 格式提供，存放于本书数字资源包（…\ ex3 \ Data \　sub_

122_ 44. pix 和 sub_ 123_ 44. pix）。

三、实验步骤

（一）基于地理坐标的图像镶嵌

1. 启动图像镶嵌工具

（1）在 ENVI 主菜单中，将两幅有地理坐标的遥感影像加载到可用波段列表（见图 3-1）。

图 3-1　加载遥感影像

（2）选择 Map→Mosaicking→Georeferrnced，打开 Map Based Mosaic 对话框（见图 3-2）。

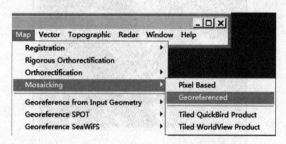

图 3-2　启动 Map Based Mosaic 对话框

2. 加载镶嵌图像

（1）在 Mosaic 对话框中，选择 Import→Import Files，选择 sub_ 122_ 44. pix 和 sub_ 123_ 44. pix 镶嵌文件导入（见图 3-3）。

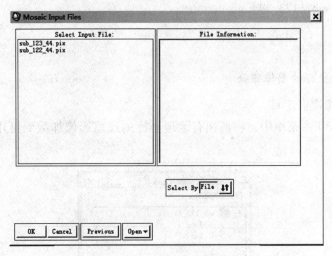

图 3-3　加载镶嵌图像

（2）导入的镶嵌文件显示在图像窗口以及文件列表，文件列表中的排在下面的文件在图像显示窗口中显示在上层（见图 3-4）。

图 3-4　镶嵌图像显示

（3）在文件列表中选择需要调整顺序的文件，单击右键选择快捷菜单 Lower Image to Bottom（降低影像到底层）或 Lower Image One Position（影像降低一层），或者在图像窗口中单击右键选择快捷菜单。通过这个功能调整图像叠加顺序（见图 3-5）。

图 3-5　图像叠加显示

3. 图像重叠设置

（1）选择文件列表中任意一个文件，单击右键选择 Edit Entry。

（2）在 Edit entry 对话框中，设置 Data Value to Ignore：0，忽略 0 值；设置 Feathering Distance 为 10，羽化半径为 10 个像素，单击 OK 按钮（见图 3-6）。

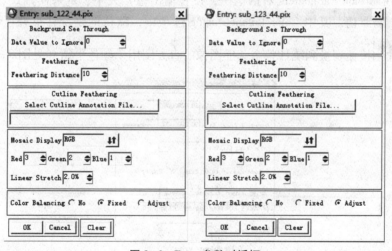

图 3-6　Entry 参数对话框

4. 切割线设置

（1）在 Mosaic 对话框中，选择 File→Save Template，选择输出路径和文件名，将模板文件显示在 Display 中。

（2）在 Display 中，选择 Overlay→Annotation，在重叠区域绘制一条折线当作切割线；绘制一个 Symbol 放在切割线一旁，标示这部分将被裁剪，注意单击两次右键以完成 Symbol 注记的绘制；保存注记文件。

（3）回到 Mosaic 对话框中，在文件列表最下面文件处单击右键，选择 Edit Entry，在 Entry 参数对话框中，单击 Select Cutline Annotation File 按钮，选择前面生成的注记文件，单击 Clear 按钮可以清除注记文件。

（4）在操作中也可以不做切割线设置，对图像镶嵌影响不大。

5. 颜色平衡设置

（1）在 Mosaic 对话框中，首先确定一个图像当做基准，在文件列表中选择这个图像，单击右键选择 Edit Entry，打开 Entry 对话框。

（2）将 Mosaic Display 设置为 RGB，选择波段合成 RGB 图像显示；选择 Color Balancing 参数 Fixed 作为基准图像；以同样的方法对其他图像文件进行设置，选择 Color Balancing 参数 Adjust。

6. 输出结果

（1）在 Mosaic 对话框中，选择 File→Apply 加载镶嵌结果（见图 3-7）。

图 3-7　加载镶嵌结果

（2）在 Mosaic Parameters 对话框中，设置输出像元大小、重采样方式、文件路径及文件名、背景值。其中 Color Balance using 选项中，默认的是统计重叠区的直方图，可以单击 ↑↓ 按钮切换到统计整个基准图像的直方图用于颜色平衡（见图 3-8）。

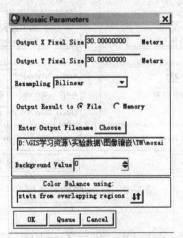

图 3-8　设置 Mosaic Parameters

（3）整个镶嵌过程已经完成，显示镶嵌结果查看效果（见图 3-9）。在上述步骤中，其中第 3~5 步都是可选项，根据实际情况选择。

图 3-9　检验结果

（二）基于像素的图像镶嵌

1. 启动图像镶嵌工具

在 ENVI 主菜单中，选择 Map→Mosaicking→Pixel Based，开始进行 ENVI 基于像素的镶嵌操作，Pixel Based Mosaic 对话框出现在屏幕上。

2. 加载镶嵌图像

（1）在 Mosaic 对话框中，选择 Import→Import Files，选择相应的镶嵌文件导入。

（2）在 Select Mosaic Size 对话框中，指定镶嵌图像的大小，这个可以通过将所有的镶嵌图像的行列数相加，得到一个大概的范围，设置"X size"为 1028，"Y size"为 1024。

3. 调整图像位置

（1）在 Mosaic 对话框的下方 X_0 文本框和 Y_0 文本框输入像素值，调整图像位置，也可以在图像窗口中，点击并按住鼠标左键，拖拽所选图像到所需的位置，然后松开鼠标左键就可以放置该图像了。

（2）如果镶嵌区域大小不合适，选择 Options→Change Mosaic Size，重新设置镶嵌区域大小。

接下来的步骤与基于地理坐标的图像镶嵌类似。

四、问题思考

在 ENVI 的图像镶嵌过程中，相邻的两个图的重叠区内，如何更好地处理接边线的问题？

实验四　图像裁剪

一、基础知识

图像裁剪的目的是将研究之外的区域去除。

常用的方法是按照行政区划边界或自然区划边界进行图像裁剪。

在基础数据生产中，还经常要进行标准分幅裁剪，按照 ENVI 的图像裁剪过程，可分为规则裁剪和不规则裁剪。

二、目的和要求

熟练掌握 ENVI 图像裁剪功能，在图像中提取需要的感兴趣区，重点掌握不规则分幅裁剪，规则分幅裁剪，掩膜。同时，学会手动绘制感兴趣区和矢量数据生成感兴趣区。

实验数据文件以 Img 格式提供，存放于本书数字资源包（…\ex4\Data\128_39_19880915.img）。

三、实验步骤

（一）规则分幅裁剪

规则分幅裁剪是指裁剪图像的边界范围是一个矩形的图像裁剪方法。这个矩形范围获取途径包括行列号、左上角和右下角两点坐标、图像文件、ROI/矢量文件。

操作步骤：

（1）在主菜单中，选择 File → Open Image File，打开裁剪图像 128_39_19880915.img。

（2）在主菜单中，选择 File→Save File as→ENVI Standard，弹出 New File Builder 对话框。在该对话框中，单击 Import File 按钮，弹出 Creat New File Input File 对话框（见图 4-1）。

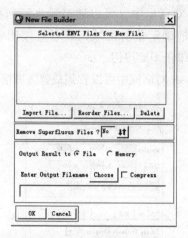

图 4-1　New File Builder 对话框

（3）在 Create New File Input File 对话框中，选中 Select Input File 列表中的裁剪图像（见图 4-2），单击 Spatial Subset 按钮（空间波段子集），在 Spatial Subset 对话框中，单击 Image 按钮，弹出 Subset By Image 对话框，在所选波段中进行子波段裁剪范围设置（见图 4-3）。

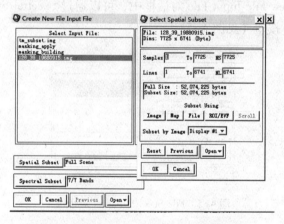

图 4-2　Create New File Input File 对话框

图 4-3　设置子波段裁剪范围

（4）在 Subset By Image 对话框中，可以通过输入行列数确定裁剪尺寸，按住鼠标左键拖动图像中的红色矩形框确定裁剪区域，或者直接用鼠标左键按住红色边框拖动来裁剪尺寸以及确定位置，单击 OK 按钮。

（5）在 Select Spatial Subset 对话框中可以看到裁剪区域信息，单击 OK 按钮（见图 4-4）。

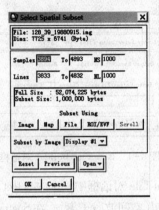

图 4-4　Select Spatial Subset 对话框

（6）在 Creat New File Input File 对话框中，可以通过 Spectral Subset 按钮选择输出波段子集，单击 OK 按钮（见图 4-5）。

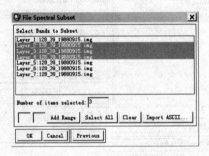

图 4-5　File Spectral Subset 对话框

（7）选择输出路径及文件名，单击 OK 按钮，完成规则分幅裁剪过程（见图 4-6）。

图 4-6　设置输出路径

（二）不规则分幅裁剪

不规则分幅裁剪是指裁剪对象的外边界范围是一个任意多边形的图像裁剪方法。任意多边形可以是事先生成的一个完整的闭合多边形区域，也可以是一个手工绘制的 ROI 多边形，还可以是 ENVI 支持的矢量文件。针对不同的情况采用不同的裁剪过程，下面介绍两种方法：

1. 手动绘制感兴趣区

（1）打开图像 128_ 39_ 19880915.img，显示在 Display 窗口中。

（2）在 Image 窗口中选择 Overlay→Region of Interest。在 ROI Tool 对话框中，单击 ROI_ Type→Polygon（见图 4-7）。

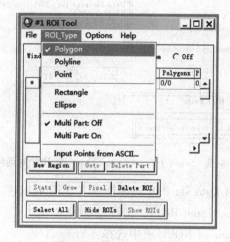

图 4-7　ROI Tool 对话框

（3）在绘制窗口（Window）选择 Image，绘制一个多边形，右键结束。根据需求可以绘制若干个多边形（见图 4-8）。

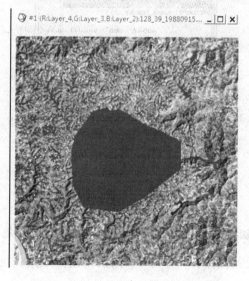

图 4-8　ROI 绘制窗口

（4）选择主菜单→Basic Tools→Subset Data via ROI，或者选择 ROI Tool→File→Subset Data via ROI，选择裁剪图像，双击左键，进入 Spatial Subset Data Via ROI 对话框（见图 4-9）。

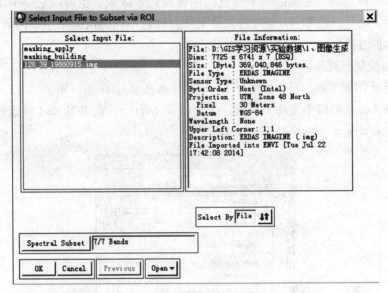

图 4-9   Select Input File to Subset via ROI 对话框

（5）在 Spatial Subset Data via ROI 对话框中（见图 4-10），设置以下参数：

在 ROI 列表中（Select Input ROI），选择绘制的 ROI。

在"Mask pixels outside of ROI"项中选择：Yes。

裁剪背景值（Mask background value）：0。

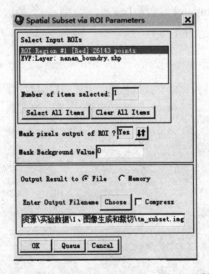

图 4-10   Spatial Subset via ROI Parameters 对话框

（6）选择输出路径及文件名，单击 OK 按钮，裁剪图像（见图 4-11）（以下为其中一个窗口的裁剪结果）。

图 4-11 结果显示

2. 矢量数据生成感兴趣区

（1）在主菜单中，选择 File→Open Vector File，打开裁剪图像所在区域的 Shapefile 矢量文件，投影参数不变，选择导入 Memory（见图 4-12）。

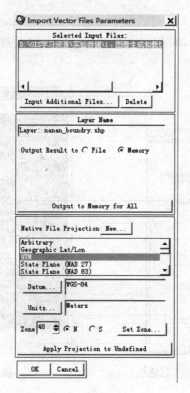

图 4-12 Import Vector Files Parameters 对话框

（2）在主菜单中，选择 File→Open Image File，打开一个裁剪图像，加载到可用波段列表中（见图 4-13）。

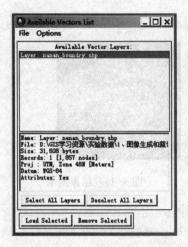

图 4-13　Available Vector List 对话框

（3）在 Available Vector List 对话框中，选择 File→Export Layer to ROI，在弹出的对话框中选择裁剪图像，单击 OK 按钮（见图 4-14）。加载裁剪图像的矢量图（见图 4-15）。

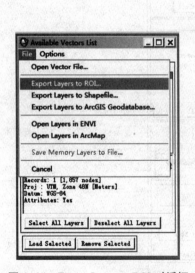

图 4-14　Export Layer to ROI 对话框

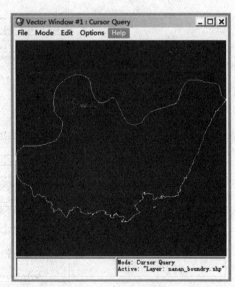

图 4-15　裁剪图像

（4）在 Export EVF layer to ROI 选择对话框中，选择将所有矢量要素转成一个 ROI（Convert all record of an EVF layer to one ROI），单击 OK 按钮（见图 4-16）。

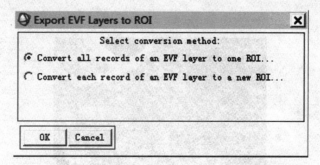

图 4-16　Export EVF layer to ROI 选择对话框

（5）选择主菜单→Basic tools→Subset data via ROI，选择裁剪图像（见图 4-17）。

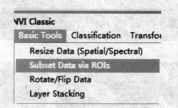

图 4-17　打开 Subset Data via ROI 设置

（6）在 Spatial Subset via ROI parameters 中（见图 4-18），设置以下参数：

在 ROI 列表中（Select Input ROI），选择绘制的 ROIS。

在"Mask pixels outside of ROI"项中选择"Yes"。

裁剪背景值（Mask background value）：0。

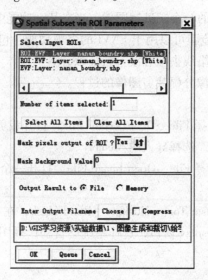

图 4-18　Spatial Subset via ROI parameters 对话框

（7）选择输出路径及文件名，单击 OK 按钮，裁剪图像（见图 4-19）。

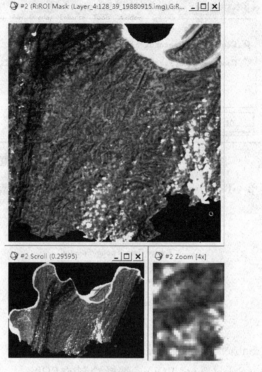

图 4-19　结果显示

（三）掩膜

掩膜是由 0 和 1 组成的一个二进制图像。当在某一功能中应用掩膜时，1 值区域被处理，0 值区域被屏蔽。掩膜可以用于 ENVI 的多项功能，包括统计、图像分类、线性波谱分离、匹配滤波、包络线去除和波谱特征拟合等。

下面介绍利用掩膜图像分幅裁剪图像的过程。

1. 创建掩膜文件

（1）在主菜单中，选择 File→Open Vector File，打开裁剪图像所在区域的 Shapefile 矢量文件，投影参数不变，选择导入的 Memory。

（2）在主菜单中，选择 File→Open Image File，打开一个裁剪图像，并在 Display 中显示。

（3）单击主菜单→Basic Tool→Masking→Build Mask，在 Select Input Display 中选择被裁剪图像文件所在的 Display 窗口，这样系统会自动读取图像的尺寸大小作为掩膜图像的大小（见图 4-20）。

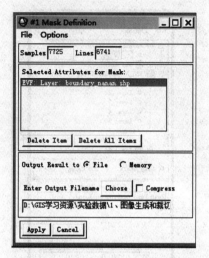

图 4-20　Mask Definition 对话框

（4）在 Mask Definition 对话框中，单击 Options→Import EVFS，选择步骤（1）导入的 Shapefile 矢量文件，选择输出路径，完成掩模文件的生成（见图 4-21）。

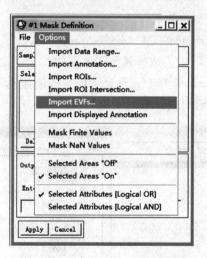

图 4-21　Mask Definition 对话框

（5）在可选波段列表中可以看到生成的掩膜文件（见图 4-22）。

图 4-22　生成的掩膜文件

2. 运行掩模计算实现图像裁剪

（1）选择主菜单→Basic tool→Masking→Apply Mask。

（2）在 Select Input File 中，选择裁剪图像文件。

（3）在 Select Mask Band 选择中，选择前面生成的掩模文件。

（4）单击 OK 按钮，输出裁剪结果（见图 4-23）。

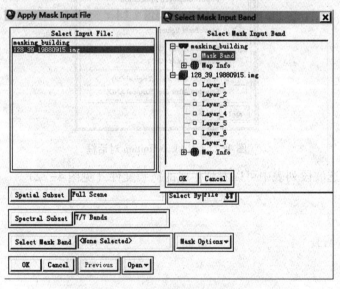

图 4-23　文件选择与裁剪结果输出

四、问题思考

1. 思考一下确定外边界矩形框的方式有哪几种。

2. 在不规则分幅裁剪操作中，思考不同参数设置的意义。

实验五　图像增强

一、基础知识

在图像获取的过程中，多种因素导致图像质量下降。图像增强的目的在于：采用一系列技术改善图像的视觉效果，提高图像的清晰度；将图像转换成一种更适合于人或机器进行分析处理的形式。图像增强通过处理方法提取所需的信息，去除一些无用的信息，提高图像的目视效果，以满足图像的实际应用。

图像增强方法的选择具有主观能动性，对图像数据采用不同的图像增强算法，可得到不同的增强结果。

二、目的和要求

掌握遥感图像增强的基本方法，理解不同处理方法的适用类型。根据需要对遥感图像进行综合处理。重点掌握图像变换、图像拉伸、滤波。

实验数据文件以 Img 格式提供，存放于本书数字资源包（… \ ex5 \ Data \ TMCQ. img）。

三、实验步骤

（一）图像变换

1. 主成分分析

主成分分析（Principal Component Analysis，PCA）就是一种去除波段之间多余信息，将多波段的图像信息压缩到比原波段更有效的少数几个转换波段的方法。一般，第一主成分（PCI）包含所有波段中 80% 的方差信息，前三个主成分包含了所有波段中 95% 以上的信息量。

主成分分析用多波段数据的一个线性变换，变换数据到一个新的坐标系统，以使数据的差异达到最大。这一技术对于增强信息含量、隔离噪声、减少数据维数非常有用。

ENVI 能完成主成分正向的和逆向的变换。

（1）打开图像文件 TMCQ。

（2）在 ENVI 主菜单中，选择 Transform→Principal Components→Forward PC Rotation →Compute New Statistics and Rotate，在出现的 Principal Components Input File 对话框中，选择图像文件 TMCQ，点击 OK（见图 5-1）。

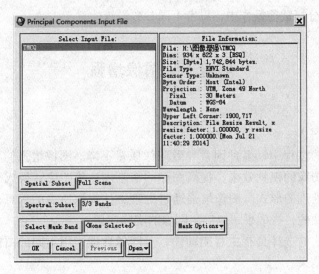

图 5-1　Principal Components Input File 对话框

（3）在 Forward PC Rotation Parameters 对话框中，在 Stats X→Y Resize Factor 文本框中键入<=1 的调整系数，用于计算统计值时的数据的二次采样。

（4）键入输出统计路径及文件名，选择箭头切换按钮 Covariance Matrix（协方差矩阵）或 Correlation Matrix（相关系数矩阵）来计算主成分波段。

（5）选择输出路径和文件名。

（6）在 Select Subset from Eigenvalues 选项中，选择"YES"，统计信息将被计算，并出现 Select Output PC Bands 对话框，列出每个波段及其对应的特征值；同时，也列出每个主成分波段中包含的数据方差的累积百分比。选择"NO"，系统会计算特征值并显示供选择输出波段。

（7）输出波段数（Number of Output PC Bands）设置默认值，点击 OK（见图 5-2）。

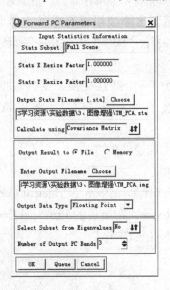

图 5-2　Forward PC Parameters 对话框

（8）完成主成分变换后，在出现的 PC Eigen Values 绘图窗口中，可以看出 PC1、PC1.5、PC2 具有很大的特征值，PC2.5、PC3 特征值较小（图 5-3）。

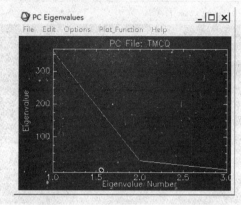

图 5-3　PC Eigenvalues 绘图框

（9）也可以加载主成分变换后生成的图像，对比结果（见图 5-4）。

图 5-4　ENVI 计算结果

（9）在主菜单中，选择 Basis Tools→Statistics→View Statistics File 打开主成分分析，选择 PCA. sta 文件，可以得到各个波段的基本统计值、协方差矩阵、相关系数矩阵和特征向量矩阵（见图 5-5）。

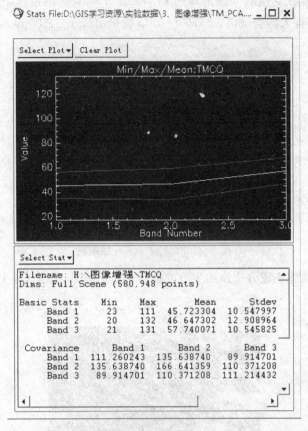

图 5-5 主成分分析结果

运用同样的方法，在主菜单中，选择 Transform→Principal Components→Inverse PC Rotation 可以执行主成分分析的逆变换。

2. 独立主成分分析

独立主成分分析（Independent Components Analysis，ICA）将多光谱或高光谱数据转换成相互独立的部分，可以发现和分离图像中隐藏的噪声、降维、异常检测、降噪、分类和波谱端元提取以及数据融合，把一组混合信号转化成相互独立的成分。

在感兴趣信号与数据中其他信号相对较弱的情况下，独立主成分分析（ICA）比主成分分析（PCA）得到的结果更加有效。

ENVI 能完成独立主成分正向的和逆向的变换。

（1）打开图像文件 TMCQ。

（2）选择主菜单 Transform → Independent Components → Forward PC Rotation → Compute New Statistics and Rotate，在 Independent Components Input File 对话框中选择图像文件 TMCQ（见图 5-6）。

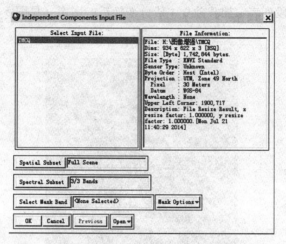

图 5-6　Independent Components Input File 对话框

（3）在 Forward IC Parameters 对话框中，Stats X/Y Resize Factor 文本框中键入<=1
的调整系数用于计算统计值时的数据的二次采样，键入输出统计路径及文件名。

（4）变化阈值（Change Threshold），范围为 10-8 ~ 10-2，值越小，结果越好，但
计算量会增加；最大迭代次数（Maximum Iterations），最小为 100，值越大，其结果越
好，计算量也增加；最大稳定性迭代次数（Maximization Stabilization Iterations），最小值
为 0，值越大的结果越好；对比函数（Contrast Function），提供三个函数 LogCosh、Kur-
tosis、Gaussian，默认为 LogCosh。

（5）在 Select Subset from Eigenvalues 标签中，选择"YES"，统计信息将被计算出
现在 Select Output PC Bands 对话框中，列出每个波段及其对应的特征值；选择"NO"，
系统会计算特征值并显示供选择输出波段数。

（6）输出波段数（Number of Output IC Bands）选择默认值（输入文件的波段数）。

（7）选择结果输出路径及文件名。

（8）在 Output Transform Filename 中输入路径及文件名（. trans），输出转换特征
（见图 5-7）。

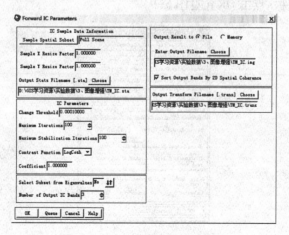

图 5-7　独立主成分分析对话框

（9）在可用波段列表中加载独立主成分变换后的图像（见图5-8）。

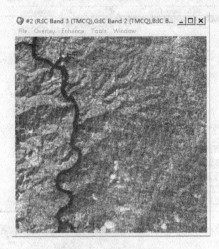

图5-8　结果显示

用同样的方法，在主菜单中，选择Transform→Principal Components→Inverse PC Rotation可以执行独立主成分逆变换。

3. 最小噪声分离

最小噪声分离（Minimum Noise Fraction，MNF）将一副多波段图像的主要信息集中在前面几个波段中，主要作用是判断图像数据维数、分离数据中的噪声，减少后续处理中的计算量。

使用MNF变换从数据中消除噪声的过程为：首先进行正向MNF变换，判定哪些波段包含相关图像，用波谱子集选择"好"波段或平滑噪声波段；然后进行一个反向MNF变换。

下面介绍具体操作过程。

（1）正向MNF变换

①在主菜单Spectral→MNF Rotation→Forward→Estimate Noise Statistics From Data中选择多光谱图像文件，点击OK（见图5-9）。

图5-9　Forward MNF Transform Parameter 对话框

②图 5-9 对话框中 Shift Diff Subset 表示计算统计信息的空间子集、Enter Output Noise Stats Fliename 表示输出噪声统计文件、Enter Output Stats Fliename 表示输出 MNF 统计文件、Select Subset from Eigenvalues 表示显示每个波段及相应的特征值。

③选择 MNF 变换结果输出路径和文件名，单击 OK 执行 MNF 变换（见图 5-10）。

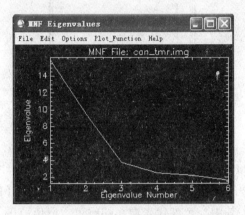

图 5-10 特征曲线

（2）逆向 MNF 变换

在主菜单 Spectral→MNF Rotation→Inverse MNF Transform 中选择变换结果文件，单击 OK。

在打开的对话框中，选择正向的 MNF 统计文件，单击 OK（见图 5-11）。

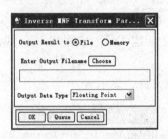

图 5-11 Inverse MNF Transform Parameters 对话框

在图 5-11 对话框中选择输出路径和文件名、数据类型，点击 OK 执行处理。

（3）波谱曲线 MNF 变换

ENVI 中的 Apply Forward MNF to Spectra 工具可以将端元波谱变换到 MNF 空间。

①选择主菜单 Spectral→MNF Rotation→Apply Forward MNF to Spectra，在弹出的对话框中选择 MNF 统计文件，单击 OK。

②在图 5-12 对话框中选择 Import→选择一种波谱曲线源，Apply 执行 MNF 变换。

图 5-12　选择波谱曲线源

4. 颜色空间变换（HSV，HLS）

ENVI 支持的彩色空间包括"色度、饱和度、颜色亮度值（HSV）"和"色度、亮度、饱和度（HLS）"。其中，色度代表像元的颜色，取值范围为 0~360；饱和度代表颜色的纯度，取值范围为 0~1；颜色亮度值表示颜色的亮度，取值范围为 0~1；亮度表示整个图形的明亮程度，取值范围为 0~1。

（1）RGB to HSV

这一变换类型允许将一幅 RGB 图像变换为 HSV 彩色空间。生成的 RGB 值是字节数据，其范围为 0~255。运行这一功能必须先打开一个至少包含 3 个波段的输入文件，或一个彩色显示能用于输入。在彩色显示中用到的拉伸将被用到输入数据。这一功能产生范围为 0~360 度的色调（红是 0 度，绿是 120 度，蓝是 240 度）、饱和度和值的范围是 0~1（浮点型）。

①打开至少三个波段图像文件，显示 RGB 彩色图像（见图 5-13）。

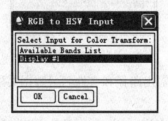

图 5-13　RGB to HSV Input 对话框

②选择主菜单 Transform→Color Transforms→RGB to HSV，在 RGB to HSV Input 对话框中，选择打开的彩色图像窗口或 Available Bands List 中选择三个波段进行变换，点击 OK。

③在 RGB to HSV Parameters 对话框中，选择输出路径及文件名，点击 OK。

④出现一个状态窗口。当向前变换全部完成时，HSV 名字将被存入 Available Bands List 中，在那里可以用标准 ENVI 灰阶或 RGB 彩色合成方法显示（见图 5-14）。

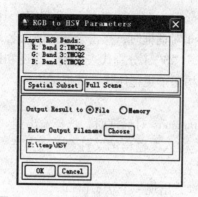

图 5-14 RGB to HSV Parameters 对话框

（2）RGB to HLS

这一项允许使用者将 RGB 图像变换成 HLS（色调，亮度，饱和度）彩色空间。这一功能生成的色调范围是 0~360 度（红为 0 度，绿为 20 度，蓝是 240 度），亮度和饱和度范围为 0~1（浮点型）。运行这一功能必须先打开一个至少包含 3 个波段的输入文件，或一个能用于输入的彩色显示。生成的 RGB 值是字节数据，其范围为 0~255。

①选择 Transforms→Color Transforms→Forward to Color Space→RGB to HLS。

②出现 RGB to HLS Input 对话框时，从一个显示的彩色图像或 Available Bands List 中选择三个波段进行变换。

③选择输出到"File"或"Memory"。

若选择输出到"File"，键入要输出的文件名。

④点击"OK"开始处理。

出现一个状态窗口。当向前变换全部完成时，新变换的图像显示在 Available Bands List 中，用标准 ENVI 灰阶或 RGB 彩色合成方法显示。

（3）HSV to RGB

这一项允许将一幅 HSV 图像变换成 RGB 彩色空间。生成的 RGB 值是字节型数据，范围为 0~255。

①选择 Transforms→Color Transforms→Reverse to RGB→HSV to RGB。

②出现 HSV to RGB Input 对话框时，从整个 Available Bands List 中，点击合适的波段名，选择参与变换的波段。波段名将出现在标有"H""S""V"的文本框里。

③点击 OK，出现 HSV to RGB Parameters 对话框时，选择输出到"File"或"Memory"。

若选择输出到"File"，键入要输出的文件名。

④点击"OK"开始处理，出现一个状态窗口。

当反向变换全部完成时，RGB 名字将被存入 Available Bands List 中，在那里可以用标准 ENVI 灰阶或 RGB 彩色合成方法显示。

（4）HLS to RGB

这一项允许将一幅 HLS（色调、亮度、饱和度）图像转变回 RGB 彩色空间。产生的 RGB 值是字节型数据，范围是 0~255。

①选择 Transforms→Color Transforms→Reverse to RGB→HLS to RGB。

②出现 HLS to RGB Input 对话框时，点击合适的波段名，选择参与变换的波段。波段名将出现在标有"H""L""S"（分别代表色调、亮度和饱和度）的文本框里。

若需要，用标准 ENVI 构建子集程序建立数据子集。

③点击 OK 继续。

④出现 HLS to RGB Parameters 对话框时，选择输出到"File"或"Memory"。

若选择输出到"File"，键入要输出的文件名，或点击"Choose"按钮，选择一个文件名。

⑤点击"OK"开始处理，出现一个状态窗口。

当反向变换全部完成时，RGB 名字将被存入 Available Bands List 中，在那里可以用标准 ENVI 显示方法显示。

5. 穗帽变换

穗帽变换是一种通用的植被指数，可以被用于 Landsat MMS 或 Landsat TM 数据。对于 Landsat MMS 数据，穗帽变换将原始数据进行正交变换，变成四维空间（包括土壤亮度指数 SBI、绿色植被指数 GVI、黄色成分（stuff）指数 YVI，以及与大气影响密切相关的 Non-such 指数 NSI）。对于 Landsat TM 数据，穗帽植被指数由三个因子组成——"亮度""绿度"与"第三"（Third）。其中的亮度和绿度相当于 MSS 穗帽的 SBI 和 GVI，第三种分量与土壤特征有关，包括水分状况。

（1）打开一个 Landsat5 TM 数据文件。

（2）在 ENVI 主菜单中选择 Transform→Tassled Cap，在 Tasseled Cap Transformation Input File 对话框中，选择数据文件（见图 5-15）。

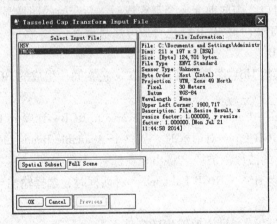

图 5-15　选择数据文件

（3）在 Tasseled Cap Transform Parameters 对话框中，选择"Input File Type"中的"Landsat5TM"，选择输出路径及文件名，点击 OK。

（4）自动计算穗帽变换，ENVI 将穗帽变换后的图像显示在 Available Bands List 列表中，用标准 ENVI 灰阶或 RGB 彩色合成方法显示，查看结果。

6. 波段比运算（比值计算）

计算波段的比值可以增强波段之间的波谱差异，减少地形的影响。用一个波段除以另一个波段生成一副能增强波段之间的波谱差异的图像，可以输入多个波段比值。通过多个波段比，可以通过多比值合成为一副彩色合成图像（Color-Ratio-Composite, CRC）。

（1）打开一个多波段的图像文件。

（2）选择 ENVI 主菜单 Transform→Band Ratios（见图 5-16）。

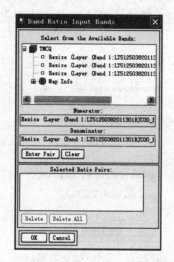

图 5-16　Band Ratios Input Bands 对话框

（3）在图 5-16 对话框中选择分子波段（Numerator）和分母波段（Denominatar），点击 Enter Pairs，将波段比添加到 Selected Ratio Pairs 中，可以输入多个波段比值。

（4）通过多个波段比，可以建立多比值合成。在 Selected Ratio Pairs 列表中的所有比值在一个单独文件中作为多波段文件输出，单击 OK。

（5）显示 Band Ratio Parameters 选择输出文件的名，点击 OK，完成波段比的计算。

比值运算常用于突出遥感影像中的植被特征、提取植被类别或估算植被生物量，这种算法的结果称为植被指数。

常用算法：近红外波段/红波段、（近红外-红）／（近红外+红）例如，TM4/TM3，AVHRR2/AVHRR1，（M4-TM3）／（M4+TM3）、（AVHRR2-AVHRR1）／（AVHRR2+AVHRR1）等。

7. 归一化植被指数

归一化植被指数（Normalized Difference Vegetation Index，NDVI）是一个普遍应用的植被指数，将多波谱数据变换成唯一的图像波段显示植被分布。NDVI 值指示着像元中绿色植被的数量，较高的 NDVI 值预示着较多的绿色植被。NDVI 变换可以用于 AVHRR、Landsat MSS、Landsat TM、SPOT 或 AVIRIS 数据，也可以输入其他数据类型的波段来使用。

（1）选择 Transforms→NDVI（Vegetation Index）。

（2）出现 NDVI Calculation Input File 窗口时，选择输入文件，点击 OK。

（3）通过点击"Input File Type"下拉菜单，用 NDVI Calculation Parameters 对话框，说明已经输入的文件类型（TM，MSS，AVHRR 等）。用于计算 NDVI 的波段将自动输入到"Red"和"Near IR"文本框。

要计算下拉菜单中没有列出的传感器类型的 NDVI，在"Red"和"Near IR"文本框里输入需要的波段数。

（4）用"Output Data Type"下拉菜单选择输出类型（字节型或浮点型）。

（5）选择输出到"File"或"Memory"。

若选择输出到"File"，键入要输出的文件名，或点击"Choose"按钮，选择一个文件名。

（6）点击 OK 开始计算 NDVI 变换（见图 5-17）。

图 5-17　NDVI 计算参数设置

（7）ENVI 将 NDVI 变换后的图像加载到 Available Bands List 列表中，用标准 ENVI 灰阶或 RGB 彩色合成方法显示，查看结果（见图 5-18）。

图 5-18　结果显示

8. 合成彩色图像

用 Synthetic Color Image 变换选项，可以将一幅灰阶图像变换成一幅彩色合成图像。

ENVI 通过对图像进行高通和低通滤波，将高频和低频信息分开，使灰阶图像变换成彩色图像。低频信息被赋予色调，高频信息被赋予强度或颜色值，也用到了一个恒定的饱和度值。这些色调、饱和度和颜色值（HSV）数据被变换为红、绿、蓝（RGB）空间，生成一幅彩色图像。这一变换经常被用于雷达数据在保留好的细节情况下，改善精确的大比例尺特征。它非常适于中低地貌。在雷达图像里，由于来自小比例尺地形的高频特征的存在，要看清低频的变化（差异）通常较困难。低频信息通常是由于来自岩石或植被的表面散射差异形成的。

（1）选择 Transforms→Synthetic Color Image。

（2）出现文件选择对话框时，选择输入文件，需要的话，运行空间子集。

（3）出现 Synthetic Color Parameters 对话框时（图 5-19），在"High Pass Kernel Size"和"Low Pass Kernel Size"标签附近，用下拉按钮选择高通滤波和低通滤波的变换核（Kernel）的大小。

高通变换核的大小应是与高频坡度决定的散射相对应的像元的数量。低通变换核的大小应是与低频漫射相对应的像元的数量。

（4）键入一个饱和度值（0~1）。较高的饱和度值产生较饱和的或"纯"的颜色。

（5）选择输出到"File"或"Memory"。

若选择输出到"File"，键入要输出的文件名，或选择输出文件名。

（6）点击 OK 开始变换（见图 5-19）。

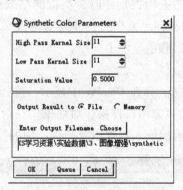

图 5-19 合成彩色参数设置

（7）在 Synthetic Color Processing 对话框中显示着变换的过程。作为结果的合成彩色图像显示在 Available Bands List 列表中，加载进 Display 新窗口（见图 5-20）。

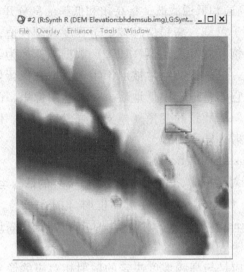

图 5-20　结果显示

(二) 图像拉伸

　　RGB 彩色合成时,波段被显示在一起,高度相关的多波谱数据集经常生成十分柔和的彩色图像。去相关程序提供了一种消除这些数据中高度相关部分的一种手段。注意,当 ENVI 提供一种具体的去相关程序时,类似的结果还可以用一个正向 PCA、反差拉伸和反向 PCA 变换序列得到。去相关拉伸需要输入三个波段。这些波段应该为拉伸的字节型,或从一个打开的彩色显示中选择。

　　1. 交互式直方图拉伸

　　(1) 打开一个多光谱图像,并在 Display 中显示,选择主图像窗口 Enhance→Interactive Stretching,出现交互式直方图拉伸操作对话框,在对话框中显示一个输入直方图和一个输出直方图,表示当前的输入数据以及分别应用的拉伸(见图 5-21)。

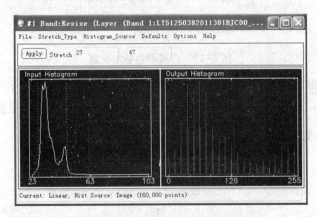

图 5-21　交互式直方图拉伸操作对话框

　　(2) 在图 5-21 对话框中,选择 Stretch_ Type→拉伸方法,Stretch_ Type 菜单命令下共有 7 种拉伸方法(见图 5-22)。

①Linear（线性拉伸）：线性拉伸的最小和最大值分别设置为 0 和 255，两者之间的所有其他值设置为中间的线性输出值，移动输入直方图中的垂直线（白色虚线）到所需要的位置，确定拉伸范围。

②Piecewise Linear（分段线性拉伸）：可以通过使用鼠标中键在输入直方图中放置几个点进行交互地限定。对于各点之间的部分采用线性拉伸。

③Gaussian（高斯拉伸）：系统默认的 Gaussian 使用均值 DN127 和对应的 0~255 的以正负 3 为标准差的值进行拉伸。输出直方图用一条红色曲线显示被选择的 Gaussian 函数。

④Equalization（直方图均衡化拉伸）：对图像进行非线性拉伸，一定灰度范围内像元的数量大致相等，输出的直方图是一个较平的分段直方图。

⑤Square Root（平方根拉伸）：计算输入直方图的平方根，然后应用线性拉伸。

⑥Arbitrary（自定义拉伸和直方图匹配）：在输出直方图的顶部绘制任何形状的直方图，或与另一个图像的直方图相匹配。

⑦User Defined LUT（自定义查找表拉伸）：一个用户自定义的查找表可以把每个输入的 DN 值拉伸到一个输出值。可以从外部打开一个 LUT 文件或交互定义。

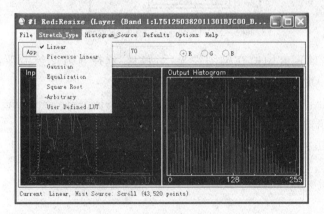

图 5-22　Stretch_ Type 菜单下的拉伸方法

（3）要把任何拉伸或直方图变化自动地应用于图像，选择 Options→Auto Apply：On，如图 5-23。

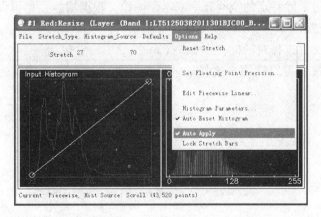

图 5-23　图像变换应用

（4）把任何变化应用于图像，点击"Apply"按钮，选择 Options → Auto Apply：Off。

（5）在 File →Export Stretch 选择输入路径、文件名及数据类型，单击 OK，输出拉伸结果。

2. 直方图匹配

（1）打开两幅图像并显示在 Display 窗口中。

（2）在配准图像的主窗口中，选择 Enhance→Histogram Matching（见图 5-24）。

图 5-24　Histogram Matching 对话框

（3）选择基准直方图所在的图像显示窗口，选择直方图绘制源：Image、Scroll、Zoom、Band 或 ROI，点击 OK。

（4）在匹配结果的主窗口中，选择 Enhance→In-teractive stretching：输出直方图用红色表示，被匹配输出直方图用白色表示。

（5）选择 File→Export Stretch 选择输入路径、文件名及数据类型，单击 OK，输出匹配结果。

（三）滤波

1. 卷积滤波

卷积是一种滤波方法，它产生一幅输出图像（图像上，一个给定像元的亮度值是其周围像元亮度值加权平均的函数）。

卷积滤波通过消除特定的空间频率来增强图像，根据增强类型可以分为低通滤波、高通滤波、带通滤波。

用于滤波的文件选择对话框，在 Select By 选项中，它包括一个"File/Band"箭头切换按钮，这一按钮可以让用户选择输入一个文件或输入一个独立的波段（见图 5-25）。

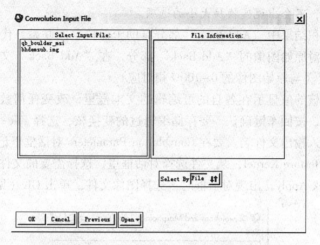

图 5-25 Convolution Input File 对话框

（1）卷积增强图像中的单个波段

①选择 Filter→Convolutions→滤波类型。

②点击 "Select By" 附近的箭头按钮，选择 "Band"。这时，在窗口的左边一栏 "Select Input Band" 文本框里出现所有可利用波段的列表。

③通过点击波段名选择需要的波段（见图 5-26）。一旦选择了，还可以选择一个空间子集。

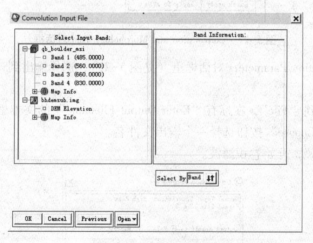

图 5-26 选择所需波段

（2）卷积增强图像文件

①打开图像数据，在主菜单中，选择 Filter→Convolutions and Morphology。

②在 Convolutions and Morphology Tool 对话框中，选择 Convolutions→滤波类型。不同的滤波类型对应着不同的参数，出现对话框时，设置卷积参数。

卷积滤波需要选择一个变换核的大小，多数滤波变换核呈正方形，默认的变换核大小是 3×3，在 "Size" 文本框里键入一个变换核的大小。

注意：一些特别的滤波（如 Sobel 和 Roberts）有自己的默认值，是不能改变的。

选择这些滤波时，不会出现变换核大小的选项。

原始图像卷积结果中"Add Back"部分有助于保持空间联系，代表性地被处理成尖锐化的图像。对原始图像的"Add Back"部分，在"Add Back"文本框里，键入一个 0.0~1.0 的数（与原始图像的 0~100% 相对应）。

每一个变换核的值显示在各自的可编辑的文本框里，改变任何数值，点击要改变的值，键入新值，按回车键确认。要存储编辑过的变换核，选择 File→Save Kernel，在合适文本框里键入输出文件名。要在 Convolution Parameters 对话框里记以前存储的变换核，选择 File→Restore Kernel，从文件选择对话框里，选择需要的文件名。

③点击 Quick Apply，出现对话框时，选择图像文件，单击 OK（见图 5-27）。

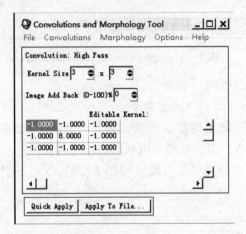

图 5-27 Convolution and Morphology Tool 对话框

④在 Convolution Parameters 对话框里（见图 5-28），选择输出到"File"或"Memory"。

若选择输出到"File"，在标有"Enter Output Filename"的文本框里键入要输出的文件名；或用"Choose"按钮选择一个输出文件名。

⑤点击"OK"，开始卷积滤波。

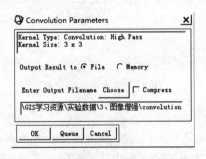

图 5-28 Convolution Parameters 对话框

⑥查看结果（见图 5-29）。

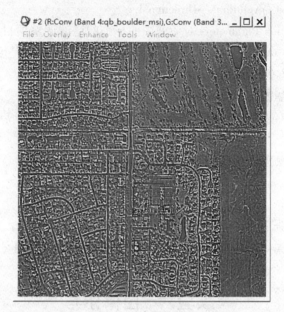

图 5-29　查看结果

2. 其他滤波类型

（1）高通滤波器（High Pass Filter）

高通滤波在保持高频信息的同时，消除了图像中的低频成分。它可以用来增强不同区域之间的边缘，犹如使图像尖锐化。通过运用一个具有高中心值的变换核来完成（典型地周围是负值权重）。ENVI 默认的高通滤波用到的变换核是 3×3 的（中心值为"8"，外部像元值为"−1"）。高通滤波变换核的大小必须是奇数。

实现这一功能，选择 Filters→Convolutions→High Pass。

（2）低通滤波器（Low Pass Filter）

低频滤波保存了图像中的低频成分。ENVI 的低通滤波是通过对选择的图像运用 IDL "SMOOTH" 函数进行的。这一函数用到了 Boxcar 平均，盒子的大小由变换核的大小决定，默认的变换核的大小是 3x3。

实现这一功能，选择 Filters→Convolutions→Low Pass。

（3）拉普拉斯滤波器（Laplacian Filter）

拉普拉斯滤波是第二个派生的边缘增强滤波，它的运行不用考虑边缘的方向。拉普拉斯滤波强调图像中的最大值，它用到的变换核的南北向与东西向权重均为负值，中心为"0"。ENVI 中默认的拉普拉斯滤波用的是一个大小为 3x3 的，中心值为"4"，南北向和东西向均为"−1"的变换核。所有的拉普拉斯滤波变换核的大小都必须是奇数。

（4）直通滤波（Directional）

直通滤波是第一个派生的边缘增强滤波，它选择性地增强有特定方向成分的图像特征。直通滤波变换核元素的总和是零。结果在输出的图像中有相同像元值的区域均为 0，不同像元值的区域呈现为亮的边缘。实现直通滤波：

①选择 Filters→Convolutions→Directional.

②除了 Convolution Parameters 对话框中的标准的滤波调整项目以外，ENVI 直通滤波需要用户在标有"Angle"的文本框里键入需要的方向（单位是度）。正北方是 0 度，其他角度按逆时针方矢量度。

（5）数学形态滤波

数学形态滤波包括：膨胀（Diltate）、腐蚀（Erode）、开启（Opening）、闭合（Closing）

操作过程和卷积滤波相似，具体操作参考卷积滤波。

四、问题思考

1. 比较图像增强后的影像与原图像的不同之处。
2. 结合地物光谱特征解释比值运算能够突出植被覆盖的原因。

实验六　图像分类

一、基础知识

遥感图像通过亮度值或像元值的高低差异（反映地物的光谱信息）及空间变化（反映地物的空间信息）来表示不同地物的差异。这是区分图像不同地物的物理基础。地物光谱特征——传感器所获取的地物在不同波段的光谱测量值，其独特性和空间聚集特性可有效区分不同地物。

目视解译是直接利用人类的自然识别智能，遥感图像自动识别分类的最终目的是让计算机识别感兴趣的地物，将遥感图像自动分成若干地物类别的方法；评价其精度，并将识别的结果经分类后处理输出。

它的主要识别对象是遥感图像及各种变换之后的特征图像。

遥感图像分类就是利用计算机通过对遥感图像中各类地物的光谱信息和空间信息进行分析，选择特征，将图像中每个像元按照某种规则或算法划分为不同的类别，然后获得遥感图像中与实际地物的对应信息，从而实现遥感图像的分类。一般有监督分类和非监督分类。

监督分类（Supervised Classification）用于在数据集中根据用户定义的训练样本类别（Training Classes）聚类像元。训练样本类别是像元的集合或者单一波谱，通常的训练区采用 ROI 来选择，而且应该尽可能地选择纯净的感兴趣区域。

非监督分类也称为聚类分析或点群分类。在多光谱图像中搜寻、定义其自然相似光谱集群的过程。

二、目的和要求

熟悉掌握监督分类、非监督分类方法和基本原理以及分类后处理；掌握监督分类后评价过程；理解计算机图像分类的基本原理；掌握数字图像监督分类、非监督分类的具体方法和过程，以及两种分类方法的区别。

实验数据文件以 Img 格式提供，存放于本书数字资源包（…\ ex6 \ Data \ panyu. img）。

三、实验步骤

（一）监督分类

监督分类方法。首先需要从研究区域选取有代表性的训练场地作为样本。根据已知训练区提供的样本，通过选择特征参数（如像素亮度均值、方差等），建立判别函数，据此对样本像元进行分类，依据样本类别的特征来识别非样本像元的归属类别。

1. 类别定义/特征判别

根据分类目的、影像数据自身的特征和分类区收集的信息确定分类系统；对影像进行特征判断，评价图像质量，决定是否需要进行影像增强等预处理。这个过程主要是一个目视查看的过程，为后面样本的选择打下基础。

打开 TM 图像，以 RGB 波段显示在 Display 中，目视解译地物类别。

2. 样本选择

（1）选择训练样区。为了建立分类函数，需要对每一类别选取一定数目的样本，在 ENVI 中是通过感兴趣区（ROI）来确定，也可以将矢量文件转化为 ROI 文件来获得，或者利用终端像元收集器（Endmember Collection）获得，创建自己的感兴趣区（ROI）。打开分类图像，在主影像窗口中，选择 Overlay→Region of Interest，打开 ROI Tool 对话框，如图 6-1。

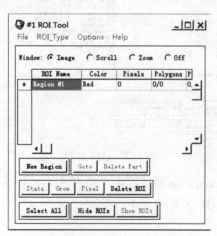

图 6-1 ROI Tool 对话框

在 ROI Tool 对话框中，在 ROI Name 字段输入样本名称（支持中文名称），回车确认样本名称；在 Color 字段中，单击右键选择一种颜色。

选择 ROI_ Type→Polygon，在 Window 中选择 Zoom，在 Zoom 窗口中绘制多边形感兴趣区。在图上分别绘制几个感兴趣区，其数量根据图像大小来确定。单击 New

Region 按钮，新建一个样本种类，输入样本名称。重复前面的步骤，得到训练样本，如图 6-2。

图 6-2　定义训练样本

（2）评价训练样本

①样本选择的定量评价

在 ROI Tool 对话框中，选择 Options→Compute ROI Separability，计算样本的可分离性。

在文件选择对话框中，选择输入 TM 图像文件，单击 OK 按钮（见图 6-3）。

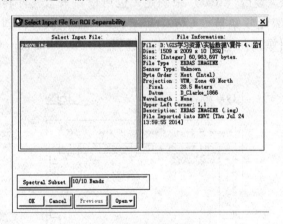

图 6-3　选择文件

在 ROI Separability Calculation 对话框中。单击 Select All Items 按钮，选择所有 ROI 用于可分离性计算，单击 OK（见图 6-4）。

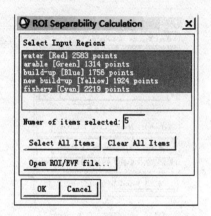

图 6-4 ROI Separability Calculation 对话框

　　各个样本类型之间的可分离性，用 Jeffries-Matusita 及 Transformed Divergence 参数表示，这两个参数的值在 0~2.0。大于 1.9 说明样本之间可分离性好，属于合格样本；小于 1.8，需要重新选择样本；小于 1，考虑将两类样本合成一类样本。

　　对于各个样本类型之间的可分离性值小于 1.8，关闭 ROI Separability Report 窗口。在之前的 ROI Tool 对话框中，点击分离性差的样本，让其处于可激活状态。单击 Go to 按钮，查看样本的选择，当创建的感兴趣区的地物光谱信息不一致时，点击鼠标滚轮直接删除，重新创建感兴趣区。

　　重复前面的步骤来计算训练样本的可分离性（见图 6-5）。

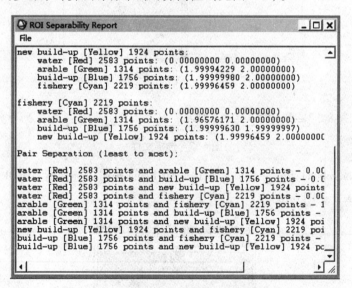

图 6-5 训练样本可分离性计算报表

　　在 ROI Tool 对话框中，选择 File→Save ROI，将所有训练样本保存为外部文件（.roi）（见图 6-6）。

图 6-6　保存训练样本

②样本选择的定性评价

在 ROI Tool 对话框中，选择 File→Export ROI to n-DVisualizer，对样本的可分离性进行定性分析。

在文件选择对话框中，选择输入 TM 图像文件，单击 OK 按钮（见图 6-7）。

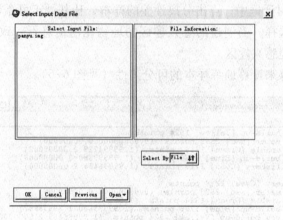

图 6-7　选择文件

在 n-D Controls 对话框中。单击 Select All Items 按钮，选择所有 ROI 用于可分离性计算，单击 OK（见图 6-8）。

图 6-8　选择可分离性计算的 ROI

在 n-D Controls 对话框中，n-D Selected Bands 选择分类的波段，点击 Start 按钮（见图6-9）。

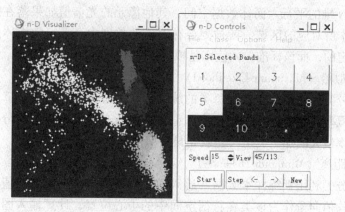

图6-9　选择分类的波段

若样本间分离性差，选择 n-D Controls 对话框中的 Class→Items 1-20：white，将不易分离的部分圈为白色归为新的类别，实现样本间的分离。

在 n-D Controls 对话框中，右击选择 Export All 输出所有样本（见图6-10）。

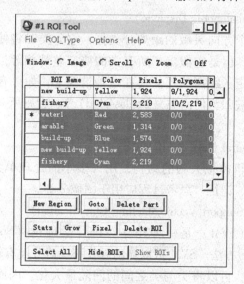

图6-10　样本输出

对输出的样本在 ROI Name 输入样本名称，根据原样本的颜色来命名分离性定性后的样本，选择 Options→Compute ROI Separability，重新计算样本的可分离性。

3. 分类器选择

根据分类的复杂度、精度需求等确定采用哪一种分类器。目前监督分类可分为：基于传统统计分析学的，包括平行六面体、最小距离、马氏距离、最大似然；基于神经网络的；基于模式识别，包括支持向量机、模糊分类等，针对高光谱有波谱角（SAM），光谱信息散度，二进制编码。

下面介绍几种监督分类方法：

（1）平行六面体（Parallelepiped）

平行六面体将用一条简单的判定规则对多光谱数据进行分类。根据训练样本的亮度值形成一个 N 维的平行六面体数据空间，其他像元的光谱值如果落在平行六面体任何一个训练样本所对应的区域，就被划分在对应的类别中。平行六面体的尺度是由标准差阈值所确定的，而该标准差阈值则是根据每种所选类的均值求出的。

（2）最大似然（Maximum Likelihood）

最大似然分类假定每个波段中每类的统计都呈正态分布，并将计算出给定像元属于特定类别的概率。除非选择一个概率阈值，否则所有像元都将参与分类。每一个像元都被归到概率最大的那一类里（也就是最大似然）。

（3）最小距离（Minimum Distance）

最小距离分类利用训练样本数据（感兴趣区）计算出每一类的均值向量和标准差向量，然后以均值向量作为该类在特征空间中的中心位置，计算输入图像中每个像元到各类中心的距离，像元归并到距离最近的类别。

除非用户指定了标准差和距离的阈值，在这种情况下，如果有些像元不满足所选的标准，那么它们就不会被归为任何类（Unclassified），否则所有像元都将分类到感兴趣区中最接近的那一类。

（4）马氏距离（Mahalanobis Distance）

马氏距离分类是一个方向灵敏的距离分类器，它分类时将使用到统计信息。它与最大似然分类有些类似，但是它假定了所有类的协方差都相等，所以它是一种较快的分类方法。除非用户指定了距离的阈值（在这种情况下，如果有些像元不满足所选的标准，那么它们就不会被归为任何类（Unclassified）），否则所有像元都将分类到感兴趣区中最接近的那一类。

（5）神经网络（Neural Net Classification）

神经网络指用计算机模拟人脑的结构，用许多小的处理单元模拟生物的神经元，用算法实现人脑的识别、记忆、思考过程应用于图像分类。

（6）支持向量机（Support Vector Machine Classification）

支持向量机分类（SVM）是一种建立在统计学理论（Statistic Learning Theory，SLT）基础上的机器学习方法。SVM 可以自动寻找那些对分类有较大区分能力的支持向量，由此构造出分类器，可以将类与类之间的间隔最大化，因而有较好的推广性和较高的分类准确率。

在上述 6 种分类器中都可以生成规则影像（Rule Image），它可以用来对分类的结果进行评估，如果需要还可以根据指定的阈值，重新进行分类。在不同分类方法所生成的规则影像中，像元值代表了不同的信息，如表 6-1。

表 6-1　　　　　　　　部分分类器中规则影像的像元值信息

分类方法	规则影像像元值
平行六面体（Parallelepiped）	满足平行六面体准则的波段数

表6-1(续)

分类方法	规则影像像元值
最小距离（Minimum Distance）	到类中心的距离
最大似然（Maximum Likelihood）	像元属于该类的概率
马氏距离（Mahalanobis Distance）	到类中心的距离

4. 影像分类

基于传统统计分析的分类方法参数设置比较简单，这里选择支持向量机分类方法。

（1）在 ENVI 主菜单中，选择 Classification→Supervised→Support Vector Machine Classification，在文件输入对话框中选择 TM 分类影像。单击 OK，打开 Support Vector Machine Classification 参数设置面板（见图6-11）。

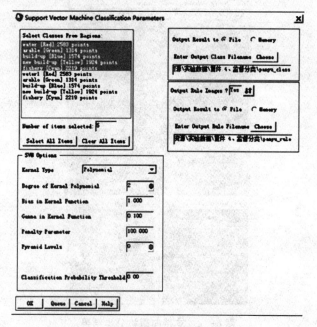

图6-11 支持向量机分类器参数设置

（2）在 Kernel Type 下拉列表里选项有 Linear、Polynomial、Radial Basis Function 以及 Sigmoid。

如果选择 Polynomial，设置一个核心多项式（Degree of Kernel Polynomial）的次数用于 SVM，最小值是 1，最大值是 6。

如果选择 Polynomial or Sigmoid，使用向量机规则需要为 Kernel 指定 the Bias，默认值是 1。

如果选择是 Polynomial、Radial Basis Function、Sigmoid，需要设置 Gamma in Kernel Function 参数。这个值是一个大于零的浮点型数据。默认值是输入图像波段数的倒数。

（3）Penalty Parameter：这个值是一个大于零的浮点型数据。这个参数控制了样本错误与分类刚性延伸之间的平衡，默认值是 100。

（4）Pyramid Levels：设置分级处理等级，用于 SVM 训练和分类处理过程。如果这个值为 0，将以原始分辨率处理；最大值随着图像的大小而改变。

（5）Pyramid Reclassification Threshold（0~1）：当 Pyramid Levels 值大于 0 时候需要设置这个重分类阈值。

（6）Classification Probability Threshold：为分类设置概率域值，如果一个像素计算得到所有的规则概率小于该值，该像素将不被分类，范围是 0~1，默认是 0。

（7）选择分类结果的输出路径及文件名。

（8）设置 Out Rule Images 为 Yes，选择规则图像输出路径及文件名。

（9）单击 OK 按钮执行分类。

（10）支持向量机分类结果显示（见图 6-12）。

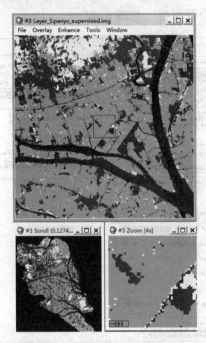

图 6-12　支持向量机分类结果

（二）非监督分类

非监督分类方法是在没有先验类别（训练场地）作为样本的条件下，即事先不知道类别特征，主要根据像元间相似度的大小进行归类合并（将相似度大的像元归为一类）的方法。该分类仅依靠影像上不同类地物光谱（或纹理）信息进行特征提取，再统计特征的差别来达到分类的目的，最后对已分出的各个类别的实际属性进行确认。

目前比较常见的是 ISODATA 和 K-Mean 等。遥感影像的非监督分类一般包括以下 4 个步骤：

1. 影像分析

大体上判断主要地物的类别数量。一般监督分类设置分类数目比最终分类数量要多 2~3 倍为宜，这样有助于提高分类精度。本案例的数据源为 panyu. img，类别分为：

水体、渔业、耕地、建设用地、新建设用地、其他六类。确定在非监督分类中的类别数为 10。

2. 分类器选择

目前非监督分类器比较常用的是 ISODATA 和 K-Mean。ENVI 包括了 ISODATA 和 K-Mean 方法。

ISODATA（Iterative Self Orgnizing Data Analysize Technique Algorithm）为重复自组织数据分析技术，计算数据空间中均匀分布的类均值，然后用最小距离技术将剩余像元进行迭代聚合，每次迭代都重新计算均值，且根据所得的新均值，对像元进行再分类。

K-Means 使用了聚类分析方法，随机地查找聚类簇的聚类相似度，即中心位置，是利用各聚类中对象的均值所获得一个"中心对象"（引力中心）来进行计算的，然后迭代地重新配置它们，完成分类过程。

3. 影像分类

执行非监督分类操作过程，下面介绍两种 ISODATA 和 K-Mean 方法。

（1）ISODATA

①打开 ENVI，选择主菜单→Classification→Unsupervised→IsoData（见图 6-13）。

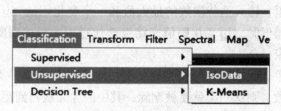

图 6-13 选择菜单

②在 Classification Input File 对话框中，选择分类的 TM 图像文件，在选择文件的时候，可以设置空间或者光谱裁剪区。这里选择 panyu.img，点击 OK，显示 ISODATA Parameters 对话框（见图 6-14）。

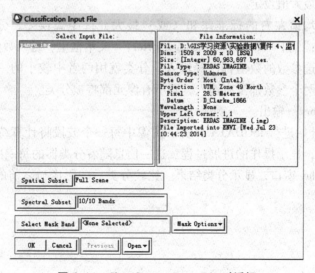

图 6-14 Classification Input File 对话框

③设置 ISODATA Parameters 对话框中的参数，如图 6-15 所示。

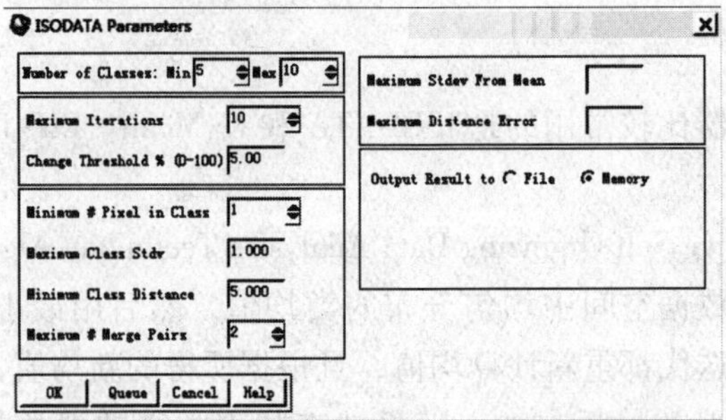

图 6-15　ISODATA 非监督分类参数设置

在 ISODATA Parameters 对话框中可以利用的选项包括：即将被限定的分类数的范围输入，被用来对数据进行分类的最多迭代次数，像元变化阈值（0~100%），分割、合并和删除分类阈值以及可选的距离阈值。

输入被限定的类别数量范围（最小值和最大值）。用到类别数据范围是由于独立数据算法是基于输入的阈值进行拆分与合并的，并不遵循一个固定的类数。

在合适文本框里，输入迭代次数的最大值和一个变化阈值（0~100%）。当每一类的像元数变化小于阈值时，用变化阈值来结束迭代过程。当达到阈值或迭代达到了最多次数时，分类结束。

在合适文本框里，键入形成一类需要的最少像元数。如果一类中的像元数小于构成一类的最少像元数，则这一类就要被删除，其中的像元被归到距离最近的类里。

在"Maximum Class Stdv"文本框里，键入最大分类标准差（用十进制）。如果一类的标准差比这一阈值大，则这一类将被拆分成两类。

在合适文本框里，键入类均值之间的最小距离和合并成对的最多数。如果类均值之间的距离小于输入的最小值，则这一类就会被合并。被合并后的成对类的最大数由合并成对的参数最大值设定。

随意设置类均值左右的标准差和（或）最大允许距离误差，分别在"Maximum Stdev From Mean："和"Maximum Distance Error："文本框里，键入数值。

如果这些可选参数的数值都已经输入，分类就用两者中较小的一个判定将参与分类的像元。如果两个参数都没有输入，则所有像元都将被分类。

选用"Memory"输出。

点击 OK，开始进行 ISODATA 分类。图像中每一个波段将计算统计值，屏幕上出现一条状态信息，显示操作的进展过程。这一信息随着分类器的每一次迭代在 0~100% 循环。新建 Display 窗口，显示分类结果。比较分类后的影像与之前的 TM 影像（见图 6-16）。

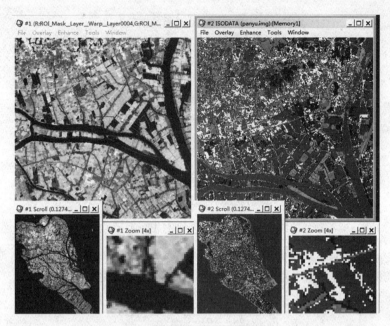

图 6-16 ISODATA 分类结果

（2）K-Means

步骤与 IsoData 分类方法类似。

4. 类别定义与合并

（1）类别定义

在 Display 中显示原始影像（见图 6-17），在 Display→Overlay→Classification，选择 ISODATA 分类结果，在 Interactive Class Tool 面板中，可以选择各个分类结果的显示（见图 6-18）。

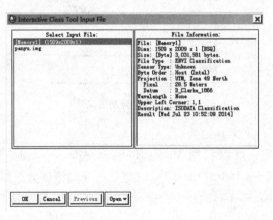

图 6-17 选择文件

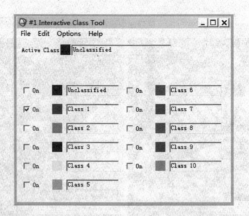

图 6-18 Interactive Class Tool 对话框

在 Interactive Class Tool 面板中，选择 Option→Edit class colors/names。通过目视或者其他方式识别分类结果，填写相应的类型名称和颜色（见图 6-19）。

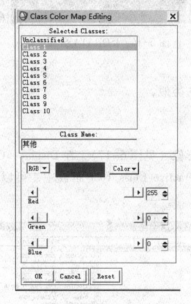

图 6-19 类别定义

重复上面的步骤，定义其他类别。

在类别定义时候，可以利用 Mode：Polygon Add to Class、Edit→Mode：Polygon Delete from Class 或者 Set Delete Class Value 把很明显的错误分类结果并入或者删除。

在 Interactive Class Tool 对话框中，选择 File→Save Change to File，保存修改结果。

（2）类别合并

选择主菜单→Classification→Post Classification→Combine Classes。在 Combine Classes Input File 对话框中选择定义好的分类结果。单击 OK 按钮调出 Combine Classes Parameters 对话框。

在 Combine Classes Parameters 对话框中，从 Select Input Class 中选择需要合并的类

别，从 Select Out Class 中选择并入的类别，单击 Add Combination 按钮把同一类的类别合并成一类。在点击 OK 后，在 Remove Empty Class 项中选择 YES，将空白类移除。

选择输出文件的路径，单击 OK，得到合并结果（见图6-20）。

图6-20　查看结果

（三）分类后处理

计算机分类得到的结果，一般难以达到最终目的，因此，对获取的分类结果需要再进行一些处理，这些过程通常称为分类后处理。这包括更改类别颜色、分类统计分析、小斑点处理（类后处理）、栅矢转换等操作。

1. 更改类别颜色

（1）手动方式

当显示分类影像时，可以通过修改类的颜色来改变特定类所对应的颜色。

①在主影像显示窗口中，选择 Tools→Color Mapping→Class Color Mapping。

②在 Class Color Mapping 对话框中，点击某个类的名字，并拖动相应的颜色条，或者输入所需的颜色值，来改变类的颜色，所做的改动就会立刻应用到分类影像上。在对话框中，选择 Options→Save Changes 进行永久性的改变，选择 Options→Reset Color Mapping，可以恢复初始值（见图6-21）。

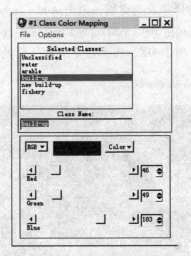

图 6-21　设置类别颜色

也可以在 Interactive Class Tool 面板中，选择 Option→Edit class colors/names 更改（见图 6-22）。

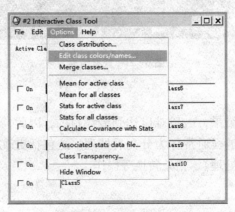

图 6-22　编辑类别颜色

（2）自动方式

以显示在 Display 中 RGB 彩色图像为基准，进行类别修改匹配基准图像的颜色。

①在主菜单中，选择 Classification → Post Classification → Assign Class Colors。在 Assign Class Colors 对话框中选择 Display 窗口作为基准颜色。

②在 Input Classification Image 选择框中，选择分类结果文件，单击 OK。可以看到分类结果的显示颜色已经更改。

2. 分类统计分析

这个功能允许从被用来分类的影像中提取统计信息。这些不同的统计信息可以是基本统计信息（最小值、最大值、均值、标准差、特征值），直方图或者是从每个所选类中计算出的平均波谱。

（1）选择 Classification→Post Classification→Class Statistics 来进行统计处理。选择分类影像 panyu_ unsupervised. img，然后点击 OK（见图 6-23）。

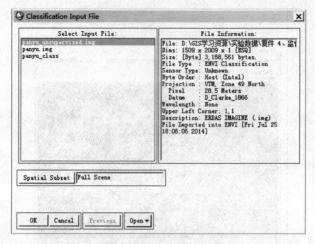

图 6-23　选择文件

（2）接着选择原始被用来分类的影像 panyu. img，点击 OK（见图 6-24）。

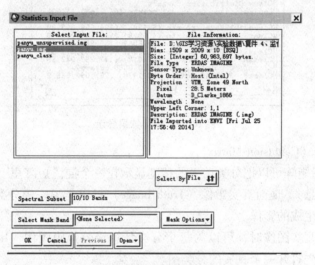

图 6-24　选择原始文件

（3）使用 Class Selection 对话框，选择要进行统计的类。点击 Select All Items，然后点击 OK。

（4）最后，在 Compute Statistics Parameters 对话框中，选择要计算的统计信息，并点击 Compute Statistics Parameters 对话框底部的 OK 按钮。然后，根据所选择的统计选项，几个绘制图（Plots）和报表（Reports）就会出现在屏幕上（见图 6-25）。

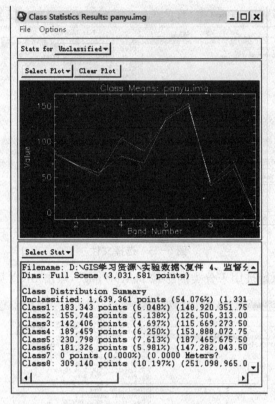

图 6-25　统计结果显示

3. 混淆矩阵（Confusion Matrix）

ENVI 中混淆矩阵可以把分类结果的精度显示在一个混淆矩阵里（用于比较分类结果和地表真实信息）。地面真实影像（Truth Image）可以是另一幅分类影像，或者是根据地面真实测量生成的影像。

当使用地表真实图像时，可以为每个分类计算误差掩膜图像，用于显示哪些像元被错误分类。首先打开一个真实的分类图。

（1）在主菜单中，选择 Classification→Post Classification→Confusion Matrix→［method］，其中［method］为 Using Ground Truth Image 或者 Using Ground Truth ROI。

（2）这里选择 Using Ground Truth Image，在 Classification Input File 对话框中，选择分类结果图像。

（3）在 Ground Truth Input File 对话框中，选择地表真实图像。

（4）在 Match Classes Parameters 对话框中，把两幅影像中相应的类进行匹配，单击 Add Combination 按钮，把地表真实类别与最终分类结果相匹配。在 Matched Classes 显示栏中查看匹配类别。如果地表真实图像中的类别与分类图像中的类别名称相同，将自动匹配。单击 OK，输出混淆矩阵（见图 6-26）。

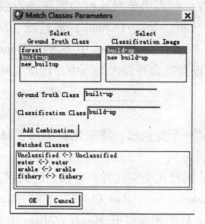

图 6-26 分类匹配设置窗口

（5）在混淆矩阵输出窗口中，设置 Output Confusion Matrix 参数。对 Output Result to 选项，选择结果输出路径，然后点击 OK 按钮（见图 6-27）。

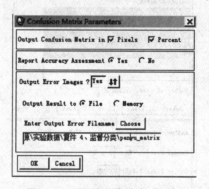

图 6-27 混淆矩阵输出对话框

（6）查看混淆矩阵（Confusion Matrix）和混淆影像（Confusion Images），通过使用动态叠加、波谱剖面廓线以及 Cursor Location/Value 来对分类影像和原始反射率影像进行比较，确定误差的来源（见图 6-28）。

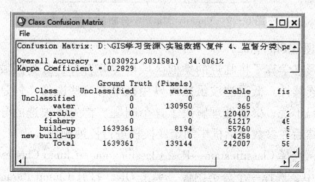

图 6-28 使用另一幅分类影像作为地面真实影像生成的混淆矩阵

4. 小斑点处理

运用遥感影像分类不可避免地会产生一些面积很小的图斑。无论从专题制图的角度，还是从实际应用的角度，都有必要对这些小图斑进行剔除和重新分类，目前常用的方法有 Majority/Minority 分析、聚类（Clump）和过滤（Sieve）。这些工具都可以在主菜单 → Classification → Post Classification 中找到。Majority/Minority 分析和聚类（Clump）是将周围的"小斑点"合并到大类当中，过滤（Sieve）是将不符合的"小斑点"直接剔除。

（1）Majority 分析

类似于卷积计算，定义一个变换核，将变化核中占主要地位（像元素最多）的像元类别代替中心像元的类别。

将变化核中占次要地位的像元类别代替中心像元的类别。

在主菜单中，选择 Classification→Post Classification→Majority/Minority Analysis。在打开的对话框中，选择一个分类图像打开 Majority/Minority Parameters 对话框，设置参数（见图 6-29）。

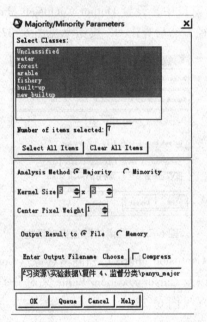

图 6-29　Majority/Minority 分析的参数设置

（2）聚类处理（Clumping）

其是指运用形态学算子将临近的类似区域聚类并合并，分类区域中有斑点或洞的存在，缺少空间连续性。低通滤波虽然可以用来平滑这些图像，但是类别信息常常会被临近类别的编码干扰，聚类处理解决了这个问题。首先将被选的分类用一个扩大操作合并到一起，然后在参数对话框中制定变换核进行侵蚀操作。

在主菜单中，选择 Classification→Post Classification→Clump Classes。在 Classification Input File 对话框中，选择一个分类图像，单击 OK，打开 Clump Parameters 对话框，设置参数（见图 6-30）。

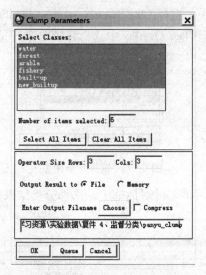

图 6-30 聚类处理的参数设置

（3）过滤处理（Sieve）

过滤处理可解决分类图像中出现的孤岛问题。过滤处理使用斑点分组来消除被隔离的分类像元，通过分析周围得到 4 个或 8 个像元，判定一个像元是否与周围的像元同组。如果一类中被分析的像元数少于输入的阈值，则从该类中将这些像元删除，归为未分类的像元。

在主菜单中，选择 Classification→Post Classification→Sieve Classes。在 Classification Input File 对话框中，选择一个分类图像，单击 OK，打开 Sieve Parameters 对话框，设置参数（见图 6-31）。

图 6-31 过滤处理的参数设置

5. 分类结果叠加

叠加显示类允许用户将分类影像的关键类作为彩色层叠加到一幅灰阶或者一幅 RGB 彩色合成影像上。

（1）打开背景影像并在 Display 中显示 RGB 彩色合成图。

（2）从 ENVI 主菜单中，选择 Classification→Post Classification→Overlay Classes。

（3）在 Select Input for Class Overlay 中选择背景图像（见图6-32）。

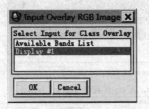

图 6-32　选择背景图像

（4）在 Classification Input File 对话框中，选择分类结果图像作为输入的分类影像，点击 OK（见图6-33）。

图 6-33　选择分类结果图像

（5）在 Class Overlay to RGB Parameters 对话框中，选择需要叠加到背景影像上的类。将结果输出到 Memory 中，点击 OK，完成叠加处理（见图6-34）。

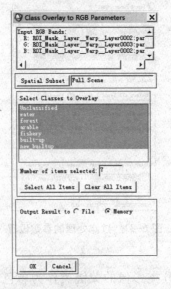

图 6-34　分类结果叠加的参数设置

（6）加载分类叠置影像到一个影像显示窗口中，使用影像动态链接功能，将其同分类影像和原始反射率影像进行比较。

除了上面介绍的分类影像的叠加方法之外，ENVI 也提供了一个交互式的分类影像叠加工具。这个工具允许交互式地将类叠加在显示的影像上，可以进行打开或者关闭类显示叠加，对类进行修改，获取类的统计信息，合并类以及修改类的颜色等操作。

6. 交互式分类影像叠加

（1）使用可用波段列表，将 panyu. img 影像的第 4 波段作为灰阶影像显示出来。

（2）从主影像窗口菜单栏中，选择 Overlay→Classification。

（3）在 Classification Input File 对话框中，选择某个可用的分类影像（如 panyu_supervised. img 分类影像），点击 OK。出现 Interactive Class Tool 对话框，每一类及其相应的颜色都将列示在对话框中（见图 6-35）。

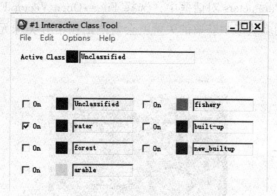

图 6-35　Interactive Class Tool 对话框

（4）点击每一个 On 复选框按钮，改变每个类在灰阶影像上的叠加显示情况。

（5）尝试使用 Options 菜单下的每个选择，对分类影像进行评价。针对部分分类结果不准确，采用如下方法：

归并到别的类别中：

在 Interactive Class Tool 对话框中，勾选 On 前面的复选框，激活要修改的类别。

选择 Edit→Mode：Polygon Add to Class。

选择 Edit→Polygon Type：Polygon。

在 Edit Window 项中，选择 Zoom。

在 Display 窗口上，定位到需要修改的分类结果区域，按住左键绘制多边形，点右键完成。

删除并归类到 Unclassified：

在 Interactive Class Tool 对话框中，勾选 On 前面的复选框，激活要修改的类别。

选择 Edit→Mode：Polygon Add to Class。

选择 Edit→Set delete class value，设置删除部分后的值。默认为 Unclassified。

选择 Edit→Polygon Type：Polygon。

在 Edit Window 项中，选择 Zoom。

在 Display 窗口上，定位到需要删除的区域，按住左键绘制多边形，点右键完成。

（6）选择 Edit 菜单下的每个选择，交互式地改变特定类所容纳的像元。

（7）在主影像窗口中，选择 File→Save Image As→［Device］（其中，［Device］为 Postscript 或者为 Image），将分类叠置影像输出到一个新的文件。

（8）选择 File→Cancel，退出该交互式工具。

7. 栅矢转换

加载预先生成的矢量层到一幅灰阶反射率影像上，然后同栅格分类影像进行比较。也可以自己执行转换程序，将某个分类影像转换为矢量层。使用如下的步骤，加载预先生成的矢量层，该矢量层是从并类处理过的分类影像中生成的：

（1）在并类处理过的分类影像 panyu＿ supervised. img 的主影像窗口中，选择 Overlay→Vectors。

（2）在 Vector Parameters 对话框中，选择 File→Open Vector File，选择 Vector File 打开，在分类产生的多边形中获取的矢量就会勾画出栅格分类像元的轮廓，如图 6-36 所示。

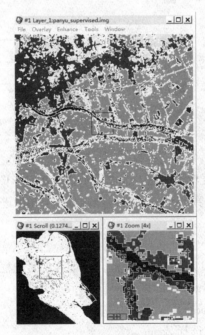

图 6-36　栅格分类像元显示

（3）分类结果转矢量操作过程。

①在主菜单中，选择 Classification→Post Classification→Classification to Vector，或者在主菜单中选择 Vector→Raster to Vector，在 Raster to Vector Input Band 对话框中，选择综合处理过的影像，如图 6-37 所示。

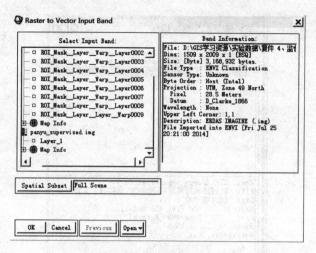

图 6-37 选择影像文件

②打开 Raster To Vector Parameters 对话框，设置矢量输出参数。在选择输出参数的时候，可以选择特定的类别，也可以把类别单独输出为矢量文件，如图 6-38 所示。

图 6-38 设置矢量输出参数

③在可用矢量列表对话框中，选择刚生成的矢量，点击对话框底部的 Load Selected 按钮（见图 6-39）。

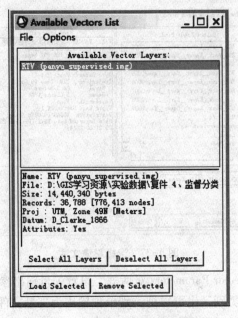

图 6-39　选择生成的矢量文件

④在 Load Vector 对话框中选择正确的显示窗口号，该显示窗口显示的是灰阶反射率影像。接着矢量层就会加载到这个显示窗口中。在 Vector Parameters 对话框中，选择 Edit→Edit Layer Properties，改变矢量层的颜色和填充方式，使这些矢量显示得更清楚（见图 6-40），点击 OK。

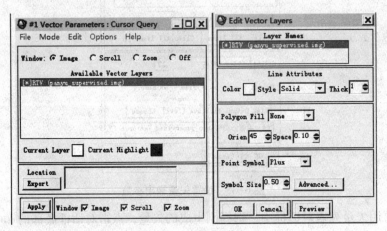

图 6-40　编辑矢量层属性

⑤点击 Apply，显示结果（见图 6-41）。

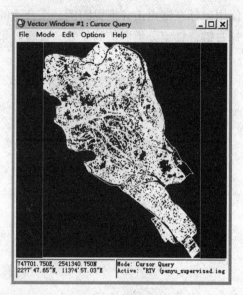

图 6-41　查看结果

（4）使用注记功能添加分类图例。

ENVI 提供了注记工具，将分类图例（Classification Key）添加到影像或者地图布局上，该分类图例将会自动生成。

①从主影像窗口菜单栏中，选择 Overlay→Annotation。在任意一个分类影像或者叠加了矢量层的影像上选择该项。

②选择 Object→Map Key，在影像上添加分类的图例。通过点击 Annotation：Map Key 对话框中的 Selected Key Items 按钮，更改所需的参数，修改图例的显示属性，操作如图 6-42 所示。

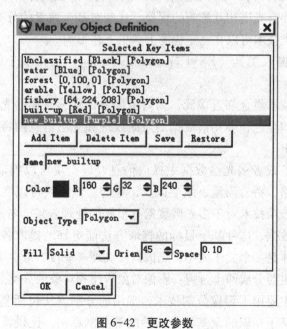

图 6-42　更改参数

③在显示窗口中，使用鼠标左键点击并拖曳图例，在合适的位置上放置分类图例。

④在影像中点击鼠标右键，锁定分类图例的位置，查看效果（见图 6-43）。

图 6-43　带分类图例的分类影像

四、问题思考

1. 比较监督分类与非监督分类的优缺点。

2. 遥感图像计算机分类的依据是什么？

实验七　面向对象图像特征提取

一、基础知识

"同物异谱，同谱异物"会对影像分类产生影响，加上高分辨率影像的光谱信号不是很丰富，还经常伴有光谱相互影响的现象，这些对基于像素的分类方法提出了挑战，面向对象的影像分类技术可以在一定程度上减少上述影响。

面向对象特征提取工具（ENVI Feature Extraction）工作基于影像空间以及光谱特征。

面向对象分类技术集合临近像元，为对象用来识别感兴趣的光谱要素的工具。其充分利用高分辨率的全色和多光谱数据的空间纹理和光谱信息的特点，以高精度的分类结果或者矢量输出。

从高分辨率全色或者多光谱数据中提取信息，该模块可以提取各种特征的地物，如车辆、建筑、道路、桥、河流、湖泊以及田地等。该模块可以在操作过程中随时预览影像分割效果。该项技术对于多光谱数据有很好的处理效果，对全色数据一样适用。对于高分辨率全色数据，这种基于目标的提取方法能更好地提取各种具有特征类型的地物。一个目标物体是一个关于大小、光谱以及纹理（亮度、颜色等）的感兴趣区域。

面向对象分类主要分成两个过程：影像对象构建和对象的分类。

影像对象构建主要用了影像分割技术，常用的分割方法包括基于多尺度的、基于灰度的、纹理的，基于知识的及基于分水岭的等分割算法。比较常用的就是多尺度分割算法，这种方法可综合遥感图像的光谱特征和形状特征，计算图像中每个波段的光谱异质性与形状异质性的综合特征值。然后根据各个波段所占的权重，计算图像所有波段的加权值。当分割出对象或基元的光谱和形状综合加权值小于某个指定的阈值时，则进行重复迭代运算，直到所有分割对象的综合加权值大于指定阈值即完成图像的多尺度分割操作。

影像对象的分类，目前常用的方法是"监督分类"和"基于知识分类"。这里的"监督分类"和我们常说的监督分类是有区别的，它分类时和样本的对比参数更多，不仅仅是光谱信息，还包括空间、纹理等信息。"基于知识分类"也根据影像对象的熟悉来设定规则进行分类，各种类型的影像分类对比表见表7-1。

目前很多遥感软件都具有这个功能，如 ENVI 的 FX 扩展模块、易康（现在叫 Definiens）、ERDAS 的 Objective 模块、PCI 的 FeatureObjeX（新收购）等。

表7-1　传统基于光谱、基于专家知识决策树与基于面向对象的影像分类对比表

类型	基本原理	影像的最小单元	适用数据源	缺陷
传统基于光谱的分类方法	地物的光谱信息特征	单个的影像像元	中低分辨率多光谱和高光谱影像	丰富的空间信息利用率几乎为零
基于专家知识决策树的分类方法	根据光谱特征、空间关系和其他上下文关系归类像元	单个的影像像元	多源数据	知识获取比较复杂
面向对象的分类方法	几何信息、结构信息以及光谱信息	一个个影像对象	中高分辨率多光谱和全色影像	速度比较慢

可以将不同数据源加入 ENVI FX 中（DEMs、LiDAR datasets、Shapefiles、地面实测数据）以提高精度、交互式计算和评估输出的特征要素、提供注记工具可以标识结果中感兴趣的特征要素和对象等特点。

二、目的和要求

熟悉 ENVI-FX 面向对象特征提取的过程和方法，了解面向对象图像分类技术，发现对象，特征提取。

实验数据选择 ENVI 自带的快鸟数据 Envidata \ Feature_ Extraction \ qb_ boulder _ msi。

三、实验步骤

1. ENVI FX 操作说明

ENVI FX 的操作可分为两个部分：发现对象（Find Object）和特征提取（Extract Features），如图7-1所示。

根据数据源和特征提取类型等情况，可以有选择地对数据做一些预处理工作。

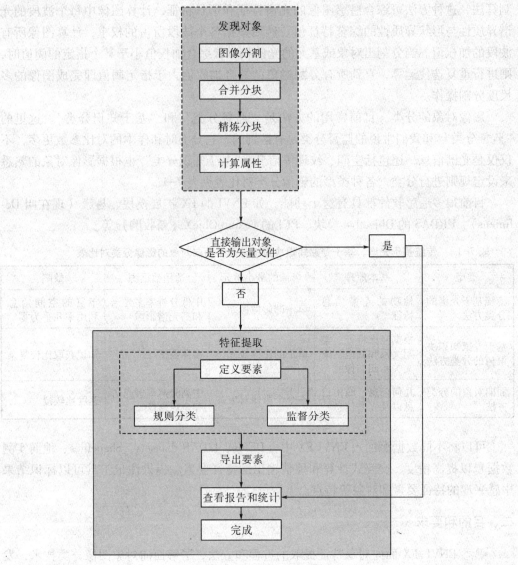

图 7-1　FX 操作流程示意图

2. 准备工作

（1）空间分辨率的调整

如果数据空间分辨率非常高，覆盖范围非常大，而提取的特征地物面积较大（如云、大片林地等）；可以降低分辨率、精度和运算速度。可利用 ENVI 主界面→Basic Tool→Resize Data 工具实现。

（2）光谱分辨率的调整

如果处理的是高光谱数据，可以将不用的波段除去。可利用 ENVI 主界面→Basic Tool→Layer Stacking 工具实现。

（3）多源数据组合

当有其他辅助数据时，可以将这些数据和待处理数据组合成新的多波段数据文件，这些辅助数据可以是 DEM、Lidar 影像和 SAR 影像。当计算对象属性的时候，会生成这些辅助数据的属性信息，可以提高信息提取精度。可利用 ENVI 主界面→Basic Tool→Layer Stacking 实现。

（4）空间滤波

如果数据包含一些噪声，可以选择 ENVI 的滤波功能做一些预处理。

3. 发现对象

（1）打开数据

在 ENVI Zoom 中打开 Processing→Feature Extraction。如图 7-2 所示，Base Image 必须要选择，辅助数据（Ancillary Data）和掩膜文件（Mask File）是可选项。这里选择 ENVI 自带的快鸟数据 Envidata \ Feature_ Extraction \ qb_ boulder_ msi。

①在 ENVI EX 中，选择 File-Open，打开图像文件 qb_ boulder_ msi。

②在 ENVI EX 中，双击 Toolbox 中的 Feature Extraction，出现对话框。选择输入文件 qb_ boulder_ msi，单击 Select Additional Files 前的三角形符号，有三种数据可输入：

Basic Image：必选项，基本图像数据。

辅助数据：可选项，可以将栅格文件作为辅助数据加入 FX 中，以提高提取精度，如高程数据。在计算对象属性时，可以得到这些辅助数据相应的属性值。

掩膜文件（Mask File）：可选项，定义 Base Image 的掩膜区，只提取感兴趣区域的特征。这里只选择一个图像数据作为 Base Image，不选择辅助数据和掩膜文件。

③单击 OK 按钮，进入下一步操作。

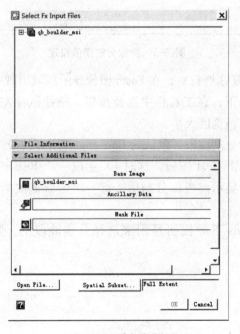

图 7-2　选择数据

（2）影像分割

FX 根据临近像素亮度、纹理、颜色等对影像进行分割，它使用了一种基于边缘的分割算法,这种算法计算很快,并且只需一个输入参数就能产生多尺度分割结果。通过不同尺度上边界的差异控制,产生从细到粗的多尺度分割。选择高尺度影像分割将会分割出很少的图斑,选择一个低尺度影像分割将会分割出更多的图斑,分割效果的好坏一定程度决定了分类效果的精确度,我们可以通过预览分割效果,选择一个理想的分割阀值,尽可能好地分割出边缘特征。

①在 Scale Level 项中,通过滑块或者手动输入一个分割阈值对影像进行分割,阈值范围为 0~100,默认是 50,值越小分割的块越多(见图 7-3)。

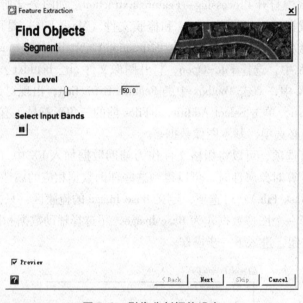

图 7-3　影像分割阈值设定

②在 Preview 前的复选框打√,在 Zoom 图像显示区域出现一个矩形的预览区。

在鼠标为选择状态下,在工具栏中选择按钮,按住鼠标左键拖动预览区,按住预览区边缘拖动鼠标调整预览区大小。

③单击按钮,选择分割波段,默认为 Base Image 所有波段。

④设置好参数后单击 Next 按钮,这时 FX 生成一个 Region Means 图像自动加载到图层列表中并在窗口中显示。影像分割后,每一块区域都被填充上该块影像的平均光谱值(见图 7-4)。

⑤Select Input Bands 下的按钮是用来选择分割波段的,默认为 Base Image 所有波段。

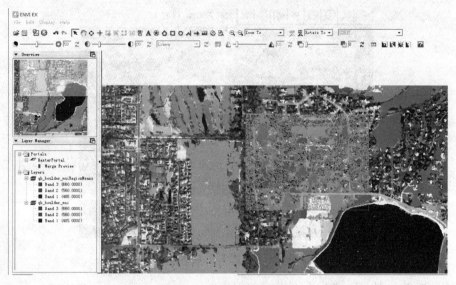

图 7-4　分割效果预览

（3）合并分块

影像分割时，由于阈值过低，一些特征会被错分，同一个特征也有可能被分成很多部分。可以通过合并来解决这些问题。FX 利用了 Full Lambda-Schedule 算法。这一步是可选项，如果不需要可以直接跳过。

①在 Merge Level 项中，通过滑块或者手动输入一个合并阈值，阈值范围为 0～100，默认是 0，值越大被合并的块越多。这里阈值设定为 94（见图 7-5）。

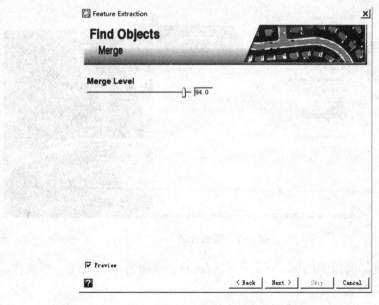

图 7-5　分块合并阈值设定

②勾选 Preview 前的复选框，预览合并后的结果（见图 7-6）。

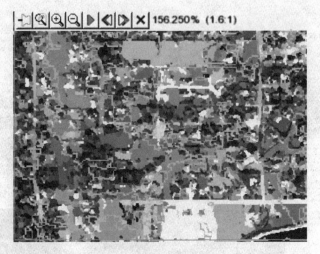

图 7-6　合并分块预览

③单击 Next 按钮，进行下一步。

（4）分块精炼

FX 提供了一种阈值法（Thresholding），这是一种可进一步精炼分块的方法。对于具有高对比度背景的特征非常有效（例如，明亮的飞机对黑暗的停机坪）。可以将精炼结果生成掩膜图层（Mask），按钮可以对其基于的波段进行修改（见图 7-7）。

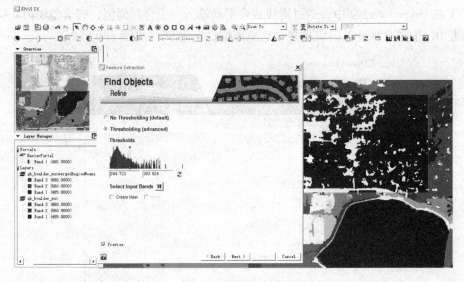

图 7-7　精炼分块

这里我们就直接选择 No Thresholding（Default），点击 Next 进行下一步操作。

（5）计算对象属性

计算 4 个类别的属性：光谱、空间、纹理、自定义（颜色空间和波段比）。其中"颜色空间"选择三个 RGB 波段转换为 HSI 颜色空间，"波段比"选择两个波段用于计算波段比（常用红色和近红外波段）。各个属性的详细描述参考 ENVI/IDL 提供的

Feature_ Extraction_ Module. pdf 文档（见图 7-8）。

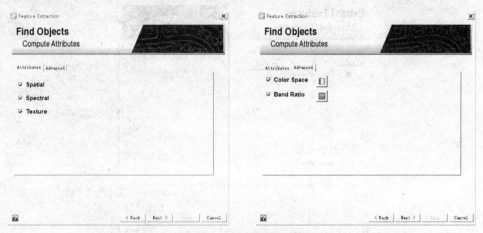

图 7-8　对象属性的计算

这里我们按照默认全选择，Color Space 选择 RGB，Band Ratio 选择红色和近红外波段，点击 Next 按钮进行下一步操作。

完成整个发现对象的操作过程。

4. 特征提取

FX 提供了三种提取特征的方法，分别是监督分类、规则分类和直接输出矢量（见图 7-9）。

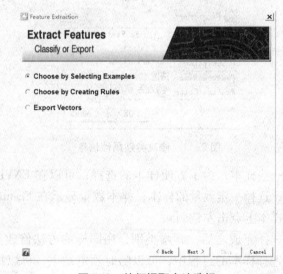

图 7-9　特征提取方法选择

（1）监督分类

在特征提取界面中选择 Classify By Selection Examples，进入监督分类的界面。由 3 个选项组成，即样本（Feature）、样本属性（Attributes）、监督分类方法（Algorithm）（见图 7-10）。

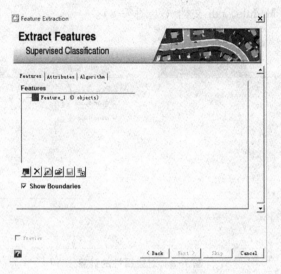

图 7-10　监督分类界面

①第一步 选择样本（Feature）

样本选择是在发现的对象里选择一些能识别地物类型的对象作为样本数据的过程。在 Feature 列表中，可以看到样本名称、样本颜色、样本个数。

在 Feature 列表中，双击 Feature_ 1，打开一个类别的属性，在属性框中，修改样本的显示颜色、名称等信息（见图 7-11）。

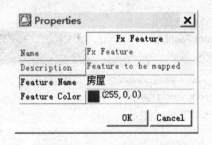

图 7-11　修改类别属性信息

在分割图上选择一些样本，为了方便样本的选择，可以在 ENVI Zoom 的图层管理中将原图移到最上层，选择一定数量的样本，样本数量显示在 Feature 列表中。如果错选样本，可以在这个样本上点击左键删除。

一个类别的样本选择完成之后，新增类别，用同样的方法修改类别属性和选择样本（见图 7-12）。在选择样本的过程中，可以随时预览结果。可以把样本保存为 . xml 文件以备下次使用。

图 7-12　选择样本

设置样本属性。在特征提取对话框中，切换到 Attributes 选项。默认是所有的属性都被选择，可以根据提取的实际地物特性选择一定的属性（见图 7-13）。

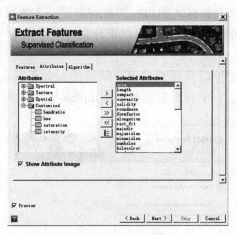

图 7-13　样本属性选择

这里我们按照默认全部选择。

②第二步　选择分类方法

在特征提取对话框中，切换到 Algorithm 选项，如图 7-14 所示。FX 提供了两种分类方法：K 邻近法（K Nearest Neighbor）和支持向量机（Support Vector Machine，SVM）。

这里我们选择 K 邻近法，K 邻近法依据待分类数据与训练样本元素在 n 维空间的欧几里得距离来对图像进行分类，n 由分类时目标物属性数目来确定。在 K 参数（K Parameter）里键入一个整数，这里 K 参数设置为 3，点击下一步，输出结果。

K 参数是分类时要考虑的临近元素的数目，是一个经验值，不同的值生成的分类结果差别很大。参数值大一点能够降低分类噪声，也有可能产生不正确的分类结果。

一般设为 3、5、7。

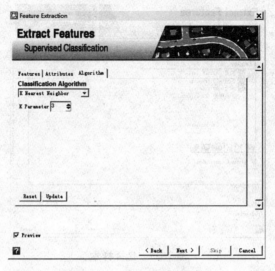

图 7-14　特征提取对话框

③第三步　输出结果

特征提取结果可以以两种格式输出：矢量和图像。矢量可以是所有分类以单个文件输出或者每一个类别分别输出；图像可以把分类结果（见图 7-15）和规则结果（见图 7-16）分别输出。

这里我们选择单个文件以及属性数据一块输出，分类图像和规则图像一块输出。点击 Next 按钮完成输出，同时可以看到整个操作的参数和结果统计报表。

图 7-15　分类结果

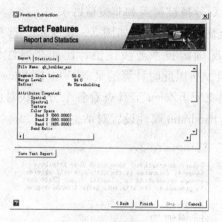

图 7-16　规则结果

（2）规则分类

在特征提取界面中选择 Classify by creating rules，点击 Next，进入规则分类界面。每一个分类由若干个规则（Rule）组成，每一个规则由若干个属性表达式来描述。规则与规则直接是与的关系，属性表达式之间是并的关系。

同一类地物可以由不同规则来描述，比如水体，水体可以是人工池塘、湖泊、河流，也可以是自然湖泊、河流等，描述规则不一样，需要多条规则来描述。每条规则又有若干个属性来描述。

对水的一个描述：面积大于 500 像素，延长线小于 0.5，NDVI 小于 0.3。

对道路的描述：延长线大于 0.9，紧密度小于 0.3，标准差小于 20。

这里以提取居住房屋为例来说明规则分类的操作过程。

首先分析影像中容易跟居住房屋错分的地物有：道路、森林、草地以及房屋旁边的水泥地。

双击 Feature_ 1 图标，修改好类别的相应属性（见图 7-17）。

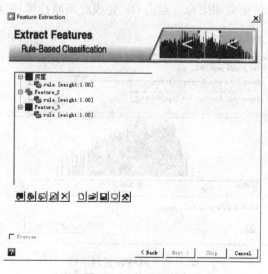

图 7-17　修改属性

①第一条属性描述，划分植被覆盖和非覆盖区

双击 Rule，打开对象属性选择面板如图 7-18 所示。选择 Customized→bandratio。FX 会根据选择的波段情况确定技术波段比值，比如在属性计算步骤中选择的 Ratio Band 是红色和近红外波段，所以此时计算的是 NDVI。把 Show Attribute Image 勾上，可以看到计算的结果，通过 ENVI Zoom 工具查看各个分割块对应的值。点击 Next 按钮，或者双击 bandratio，进入 bandratio 属性设置对话框。

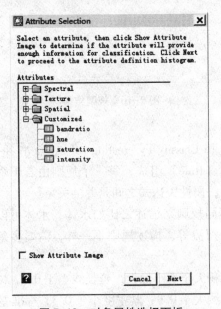

图 7-18　对象属性选择面板

通过拖动滑条或者手动输入确定阈值。Fuzzy Tolerance 是设置模糊分类阈值，值越大，其他分割块归属这一类的可能性就越大。归类函数有线性和 S-type 两种。这里设置模糊分类阈值为默认的 5，归属类别为 S-type，值的范围为 0~0.3，勾选 Show Rule Confidence Image 可以预览规则图像。点击 OK 完成此条属性描述（见图 7-19）。

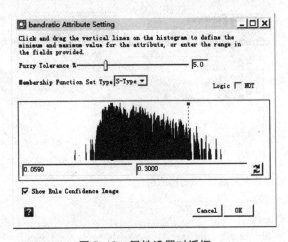

图 7-19　属性设置对话框

②第二条属性描述，去除道路影响

居住房屋和道路的最大区别是房屋是近似矩形的，我们可以设置 Rect_ fit 属性。点击按钮或者双击 Rule，选择 Spatial→rect_ fit。设置值的范围是 0.5~1，其他参数为默认值。

同样的方法设置：Spatial→Area：Fuzzy Tolerance=0，90<Area<1100。Spatial→elongation（延长）：elongation<3。

③第三条属性描述，去除水泥地影响

水泥地反射率比较高，居住房屋反射率较低，所以我们可以设置波段的象元值。Spectral→avgband_ 2：avgband_ 2<300。最终的 Rule1 规则和预览图如图 7-20 所示。

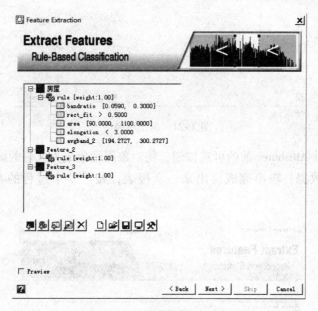

图 7-20 居住房屋规则与效果图

用类似的思路可以提取道路、林地、草地等分类。最终结果的输出方式和监督分类一样。

（3）直接输出矢量

①选择 Export Vectors，进入矢量输出界面，选择保存路径，属性信息也可选择输出（见图 7-21）。

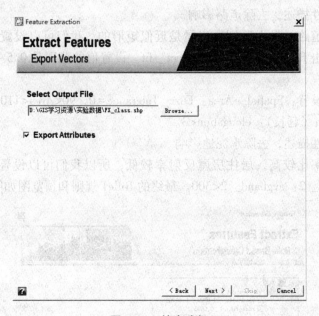

图 7-21　输出路径

②勾选 Export Attributes 前的可选按钮，将对象属性生成为矢量的属性数据。

③导出矢量数据，输出完成会出来一个报表，显示整个过程的参数设置等信息（见图 7-22）。

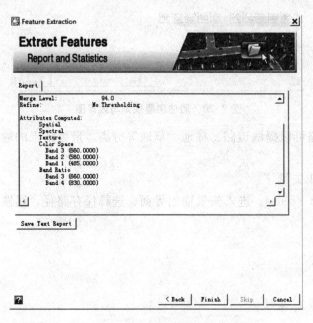

图 7-22　直接矢量输出

小结：

前面提到的"监督分类""非监督分类""专家决策树分类"是基于像元的分类方法，主要利用像元的光谱特征，大多应用在中低分辨率遥感图像。而高分辨率遥感图像的细节信息丰富，图像的局部异质性大，传统的基于像元的分类方法易受高分辨率影像局部异质性大的影响和干扰。而面向对象分类方法是基于对象即图斑的分类方法，可以根据高分辨率图像丰富的光谱、形状、结构、纹理、相关布局以及图像中地物之间的上下文信息，结合专家知识进行分类，可以显著提高分类精度，而且使分类后的图像含有丰富的语义信息，便于解译和理解。对高分辨率影像来说，是一种非常有效的信息提取方法，具有很好的应用前景。

四、问题思考

1. 遥感图像特征提取主要有几种方法，什么条件下可以使用特征提取方法？
2. 影像对象的分类，目前常用的方法是"监督分类"和"基于知识分类"。思考这里的"监督分类"和我们常说的"监督分类"的区别。

第二部分　GIS 基础

ArcGIS 简介

随着信息技术的高速发展，整个社会进入了信息大爆炸的时代。与地理因素相关的事物太多，使得超过 80% 的信息与空间位置相关。面对这些海量信息，人们对信息的广泛性、客观性、快速性及综合性要求越来越高。随着计算机技术的出现及快速发展，对空间位置信息和其他属性类信息进行统一管理和分析的地理信息系统也快速发展起来。信息的共享使得空间信息的挖掘和知识发现成为当前 GIS 研究的热点和难点之一。

一、地理信息系统

（一）基本概念

地理信息系统是以空间数据库为基础，在计算机软硬件的支持下对空间相关数据进行采集、存储、管理、运算、分析和显示，并采用空间模型分析方法，适时提供多种空间和动态的地理信息，为相关研究和空间决策服务而建立起来的计算机技术系统。一方面，GIS 是描述、存储、分析和输出空间信息的理论和方法的一门交叉学科；另一方面，GIS 是以地理空间数据库（Geospatial Database）为基础，采用地理模型分析方法，适时提供多种空间的和动态的地理信息，为地理研究和地理决策服务的计算机技术系统。

（二）GIS 系统构成

与普通的信息系统类似，一个完整的 GIS 主要由四个部分构成，即计算机硬件系统、计算机软件系统、数据和用户。其核心部分是计算机系统（软件和硬件），空间数据反映 GIS 的地理内容，而管理人员和用户则决定系统的工作方式和信息表示方式。

计算机硬件系统：开发、应用地理信息系统的基础。其中，硬件包括各类计算机处理机及其输入输出和网络设备，即计算机、打印机、绘图仪、数字化仪、扫描仪。

计算机软件系统：支持信息的采集、处理、存储管理和可视化输出的计算机程序系统。包括计算机系统软件、GIS 系统软件和其他支持软件以及应用分析程序。

数据库系统：系统的功能是完成对数据的存储，它又包括几何（图形）数据和属性数据库。几何和属性数据库也可以合二为一，即属性数据存在于几何数据中。

用户：地理信息系统所服务的对象，分为一般用户和从事系统的建立、维护、管理和更新的专业人员。特别是那些复合人才（既懂专业又熟悉地理信息系统）是地理信息系统成功应用的关键，而强有力的组织是系统运行的保障。

（三）GIS 功能与应用

地理信息系统的核心问题可归纳为五个方面的内容：位置、条件、变化趋势、模式和模型。据此，可以把 GIS 功能分为五个方面：

1. 数据采集与输入

数据输入是建立地理数据库必需的过程，一般而言地理信息系统数据库的建设不低于整个系统建设投资的 70%，因此数据的输入是地理信息系统研究的重要内容。数据输入功能指将地图数据、物化遥数据、统计数据和文字报告等输入、转换成计算机可处理的数字形式的各种功能。对多种形式、多种来源的信息，可实现多种方式的数据输入，如图形数据输入、栅格数据输入、GPS 测量数据输入、属性数据输入等。用于地理信息系统空间数据采集的主要技术有两类，即使用数字化仪的手扶跟踪数字化技术和使用扫描仪的扫描技术。手扶跟踪数字化曾在相当长的时间内是空间数据采集的主要方式。扫描数据的自动化编辑与处理是空间数据采集技术研究的重点，扫描技术的应用与改进和实现扫描数据的自动化编辑语处理亦是地理信息系统数据获取研究的技术关键。

2. 数据编辑与处理

数据编辑主要包括图形编辑和属性编辑。属性编辑主要与数据库管理结合在一起完成，图形编辑主要包括拓扑关系建立、图形编辑、图形整饰、图幅拼接、图形变换、投影变换、误差校正等功能。

3. 数据的存储与管理

数据的有效组织与管理是建立地理信息系统的关键。主要包括空间数据与属性数据的存储、查询检索、修改和更新。矢量数据结构、光栅数据结构、矢量/栅格混合数据结构是存储地理信息系统的主要数据结构，空间数据结构在一定程度上决定了系统所能执行的数据与分析的功能。

4. 空间查询与分析

空间查询与分析是地理信息系统的核心，是地理信息系统最重要的和最具有魅力的功能，也是地理信息系统有别于其他信息系统的本质特征。地理信息系统的空间分析可分为三个层次的内容：

（1）空间检索：包括从空间位置检索空间物体及其属性、从属性条件检索空间物体。

（2）空间拓扑叠加分析：实现空间特征（点、线、面或图像）的相交、相减、合并等，以及特征属性在空间上的连接。

（3）空间模型分析：如数字地形高程分析、缓冲区分析、网络分析、图像分析、三维模型分析、多要素综合分析及面向专业应用的各种特殊模型分析等。

5. 可视化表达与输出

中间处理过程和最终结果的可视化表达是地理信息系统的重要功能之一，地理信息系统提供了包括计算机屏幕显示、报告、表格、地图等地理数据表现形式。

6. 地理信息系统应用

地理信息系统的大容量、高效率及其结合的相关学科的推动使其具有运筹帷幄的优势，成为国家宏观决策和区域多目标开发的重要技术支撑，也成为与空间信息有关各行各业的基本工具，其强大的空间分析能力及其发展潜力使得 GIS 在以下方面已得到广泛、深入的应用：测绘与地图制图、资源管理、城乡规划、灾害预测、土地调查与环境管理、国防、宏观决策等。

地理信息系统以数字形式表示自然界，具有完备的空间特性，可以存储和处理不同地理发展时期的大量地理数据，并具有极强的空间信息综合分析能力，是地理分析的有力工具。因此，地理信息系统不仅要完成管理大量复杂的地理数据之任务，更为重要的是要完成地理分析、评价、预测和辅助决策的任务，必须发展广泛的适用于地理信息系统的地理分析模型，这是地理信息系统真正走向实用的关键。

二、GIS 空间分析

随着对地观测和计算机技术的发展，空间信息及其分析处理能力得到极大的丰富和加强，人们需要建立空间信息分析的理论和方法体系，从而利用这些空间信息来认识和把握地球和社会的空间运动规律。现代空间分析起源于 20 世纪 60 年代地理和区域科学的计量革命，由最初的定量分析点、线、面的空间分布模式逐渐发展成熟为更多的强调地理空间分身的特征、空间决策过程和复杂空间系统的时空演化过程分析；分析方法也从最初的统计方法扩展到运筹学、拓扑学和系统论。

地理信息系统出现后，迅速吸收了所有能够利用的空间分析的理论和方法，将它们植入到 GIS 中，并集成了多学科的最新技术，如关系数据库管理、高效图形算法、插值、区划和网络分析等，为空间分析提供了强大的工具，使得过去复杂困难的高级空间分析任务变得简单易行。

空间分析是对空间数据有关技术的统称，对 GIS 的空间分析理解有不同的角度和层次：按空间数据结构类型可分为栅格数据分析、矢量数据分析；按分析对象的维数可分为二维分析、DTM 三维分析及多维分析；按分析的复杂性程度可分为空间问题查询分析、空间信息提取、空间综合分析、数据挖掘与知识发现、模型构建。

三、ArcGIS10.2 概述

ArcGIS 是 Esri 公司集 40 余年地理信息系统咨询和研发经验，推出的一套完整的 GIS 平台产品。2013 年全新推出的 ArcGIS 10.2，能够全方位服务于不同用户群体的 GIS 平台，组织机构、GIS 专业人士、开发者、行业用户甚至大众都能使用 ArcGIS 打造属于自己的应用解决方案。

ArcGIS 10.2 提供了全方位支撑平台：面向组织机构的协同合作与分享的平台、面向 GIS 专业人士的高级制图和分析平台、面向开发者的快速开发和灵活定制平台、面向行业用户的完整解决方案平台、面向位置智能的新型支撑平台、面向公众的普适化服务平台。

（一）ArcGIS 10.2 新特性

1. 更丰富的内容

ArcGIS 10.2 基于云平台打造了全新的地图生态系统，积累了大量地图数据，主要包括地图、影像、地理编码、空间分析、网络分析等类型，为用户使用 GIS 数据和功能、快速开发应用系统提供了强有力的支持。主要包括提供大量免费的、高质量的底图；提供覆盖全球的高分辨率影像；建立全球地址库，并提供中国区的地理编码服务。ArcGIS 10.2 中即将推出网络分析服务和多种空间分析服务。

2. 更强健的基础设施

ArcGIS 10.2 在原有的公有云基础设施上更进一步，推出全新的 Portal for ArcGIS 10.2，加上已有的 ArcGIS Online 和 ArcGIS for Server，Esri 打造了三个不同应用层次的产品，为 GIS 系统的开发和应用提供了强健的基础支撑。

ArcGIS Online 是基于亚马逊的云服务构建的、全新的公有云 GIS 平台，支持对地图、应用、工具、组织目录、数据等内容的管理和分享，支持业务数据的快速制图和服务托管，支持通过新生的 ArcGIS REST API 快速访问 ArcGIS Online 上的所有资源，是组织机构的内容管理和协作分享的极佳平台。最新的 ArcGIS Online 不仅在资源的使用授权、企业级账户的管理方面有所增强，同时在 Web 制图和应用开发方面有了新突破。

Portal for ArcGIS 是 10.2 中的全新产品，企业组织可用它来打造一个私有的或非云环境中的 Online 平台。Portal for ArcGIS 10.2 集地图、服务、应用于一身，可按照组织人员的不同分工，进行资源的集中组织和管理，并在组织结构内实现资源的灵活共享，为企业提供了一个统一的、多部门协同合作的平台。

Portal for ArcGIS 开启了企业内部 GIS 应用的新模式，极大地方便了企业的协同工作，它也将成为 10.2 核心产品之一，提供安装体验以及全面技术支持，并与 ArcGIS 其他产品集成使用。

ArcGIS 10.2 for Server 架构更加优化，更适宜云端部署；功能上进一步增强，增加了对实时数据的分析处理、大数据的支持，基于 PKI 公共秘钥的安全机制，单点登录等功能。ArcGIS for Server 是 ArcGIS 旗舰级的服务器端产品，具有高可伸缩性、高性能、可云端部署、64 位原生智能云架构等特点，提供空间数据管理与 GIS 服务发布能力。

ArcGIS 10.2 for Server 新特性中，最吸引眼球的当属全新推出的 GeoEvent Processor 实时数据处理和分析扩展模块，它的推出为 ArcGIS 在海量实时数据的处理增添了浓墨重彩的一笔，通过连接常用传感器、车载 GPS、社交媒体，对产生的海量流数据进行实时连续的展示与处理分析，实现实时态势感知，更好地进行辅助决策支持。

3. 更灵活多样的扩展能力

Esri 为开发者提供了灵活多样的扩展能力，同时开放了更多立即可用的资源。功能强大的 ArcGIS Engine 开发包提供多种开发的接口，可以实现从简单的地图浏览到复杂的 GIS 编辑、分析系统的开发；Web APIs 和 Runtime SDKs 为用户提供了基于移动设备和桌面的、轻量级应用的多样化开发选择；ArcGIS REST API 更为直接访问 ArcGIS Online 和 Portal for ArcGIS 上的资源铺就了一条方便快捷的高速通道。

尤其值得一提的是，ArcGIS 10.2 推出了 3 个全新的 Runtimes SDKs，至此，ArcGIS 实现了对 Windows、Mac、Linux 以及 iOS、Android、Windows Phone 等主流操作系统的全面支持。此外，还推出了全新的面向开发者的云中平台 developers. arcgis. com，为开发者提供一体化的资源访问入口、更完备的帮助和更丰富的应用实例。同时，Esri 还在全球知名的分布式代码托管网站 GitHub 上上传了大量的应用及源代码，便于开发者快速起步。

4. 更多即拿即用的 Apps

ArcGIS 10.2 为用户提供了更多即拿即用的 Apps：桌面端 Apps 包括 Esri CityEngine、ArcMap、ArcScene 等应用程序；Web 端 Apps 如 Flex Viewer、Storytelling、Web3D Viewer 等应用模板；移动端 Apps 有 Collector App、Operations Dashboard for Arc-GIS、ArcGIS App 和 Windows 8 App 等轻量级应用。

这些精心设计的 Apps 帮助用户更轻松地管理、采集、使用、展示和分享地理空间数据，也帮助开发者快速构建各个行业领域的应用。

(二) ArcGIS 10.2 产品构成

ArcGIS 10.2 系列包含众多产品，其中最重要的产品如下：

ArcGIS 云平台：云时代带来了全新的互联网服务模式。ArcGIS 云平台是 ArcGIS 与云计算技术相结合的最新产品。不论在 Web 制图还是资源的分享等方面，其都为用户提供了前所未有的服务体验。ArcGIS 云平台提供了全方位的云 GIS 解决方案。产品系列主要包括公有云 ArcGIS Online 和为微软 Office 软件量身定制的地图插件 Esri Maps for Office。

ArcGIS 服务器平台（ArcGIS for Server）：基于服务器的 ArcGIS 工具，通过 Web Services 在网络上提供 GIS 资源和功能服务，其发布的 GIS 服务遵循广泛采用的 Web 访问和使用标准。ArcGIS for Server 广泛用于企业级 GIS 实现以及各种 Web GIS 应用程序中，不但可以在本地还可以在云基础设施上配置运行于 Windows 及 Linux 服务器环境。

ArcGIS 移动平台（ArcGIS for Mobile）：将 GIS 从办公室延伸到了轻便灵活的智能终端和便携设备（车载、手持）之上。用户通过 iPhone/iPad、Galaxy/HTC/华为/小米、Lumia、Window Mobile 等移动设备就能够随时随地查询和搜索空间数据。除了常用的定位（GPS/北斗）、测量、采集、上传等 GIS 功能，还可以执行路径规划、空间分析等高级 GIS 分析功能。另外先进的端云结合架构，让用户可以直接在移动端快速地发现、使用和分享 ArcGIS Online 和 Portal for ArcGIS 中的丰富资源。

ArcGIS 桌面平台（ArcGIS for Desktop）：为 GIS 专业人士提供的用于信息制作和使用的工具，利用它可以实现任何从简单到复杂的 GIS 任务。ArcGIS for Desktop 的功能特色主要包括：高级的地理分析和处理能力、提供强大的编辑工具、拥有完整的地图生产过程以及无限的数据和地图分享体验。

ArcGIS 开发平台：Esri 为开发者提供了灵活多样的扩展能力，同时开放了更多立即可用的资源。功能强大的 ArcGIS Engine 开发包提供多种开发的接口，可以实现从简单的地图浏览到复杂的 GIS 编辑、分析系统的开发；Web APIs 和 Runtime SDKs 为用户提供了基于移动设备和桌面的、轻量级应用的多样化开发选择；同时提供一体化的资源帮助平台 ArcGIS REST API、在 GitHub 上开通频道、提供 ArcGIS for Developers 网站，为开发者访问各种在线资源、获取 ArcGIS 开源代码铺就了方便快捷的高速通道。

CityEngine 三维建模产品：Esri CityEngine 是三维城市建模软件，应用于数字城市、城市规划、轨道交通、电力、建筑、国防、仿真、游戏开发和电影制作等领域。Esri CityEngine 提供的主要功能——程序规则建模，使用户可以使用二维数据快速、批量、自动创建三维模型，并实现所见即所得的规划设计。另外，与 ArcGIS 的深度集成，可以直接使用 GIS 数据来驱动模型的批量生成，这样保证了三维数据精度、空间位置和属性信息的一致性。同时，还提供如同二维数据更新的机制，可以快速完成三维模型数据和属性的更新。

实验八　使用 ARCMAP 浏览地理数据

一、基础知识

理解 GIS 的三种角度：

1. GIS 是空间数据库

GIS 是一个包含了用于表达通用 GIS 数据模型（要素、栅格、拓扑、网络等）的数据集的空间数据库。

2. GIS 是地图

从空间可视化的角度看，GIS 是一套智能地图，同时也是用于显示地表上的要素和要素间关系的视图。底层的地理信息可以用各种地图的方式进行表达，而这些表现方式可以被构建成"数据库的窗口"来支持查询、分析和信息编辑。

3. GIS 是空间数据处理分析工具集

从空间处理的角度看，GIS 是一套用来从现有的数据集获取新数据集的信息转换工具，这些空间处理功能从已有数据集提取信息，然后进行分析，最终将结果导入数据集。

这三种观点在 ESRI ArcGIS Desktop 中分别用 ArcCatalog（GIS 是一套地理数据集的观点）、ArcMap（GIS 是一幅智能的地图）和 ArcToolbox（GIS 是一套空间处理工具）来表达。这三部分是组成一个完整 GIS 的关键内容，并被用于所有 GIS 应用中的各个层面。

ArcMap 是 ArcGIS Desktop 中一个主要的应用程序，具有地图的所有功能，包括制图、地图分析和编辑。

二、实验目的和要求

认识并熟悉 ArcMap 的图形界面；了解地理数据与属性信息的连接；掌握 GIS 中的

基本查询操作。

三、实验步骤

（一）新建地图文档

1. 启动 ArcMap

选择开始→所有程序→ArcGIS→ArcMap 命令（见图 8-1）。

图 8-1 从开始菜单启动 ArcMap

2. 打开地图文档

ArcMap 有三种打开地图文档的方式（见图 8-2）：

（1）一个新的空地图文档（Blank map）。

（2）应用地图模板新建地图文档（Templates）。

（3）打开一幅已经存在的地图文档，在主菜单栏选择 File→Open 或者单击标准菜单栏 按钮，选中对话框中显示的 ＊.mxd 文件，打开已经存在的地图。

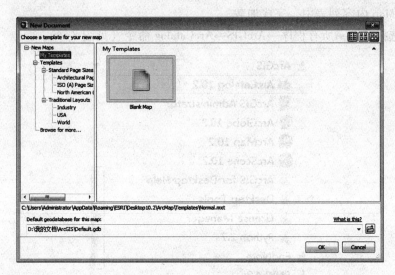

图 8-2　New Document 对话框

（二）加载数据层

新建地图文档过后，需要给文档加载数据。数据层的主要类型有 ArcGIS Geodatabase 中的要素，ArcGIS 的矢量数据 Coverage、TIN，栅格数据 Grid，Arcview3.x 的 shapefile，AutoCAD 的矢量数据 DWG，ERDAS 的栅格数据 Image File 和 USDS 的栅格数据 DEM 等。

加载数据层主要有两种方法，一种是直接在新地图文档上加载数据层，另一种是用 ArcCatalog 加载数据层。

1. 直接在新地图文档中加载数据层

（1）单击主菜单 File→Add Data→Add Data（见图 8-3），打开要素对话框。

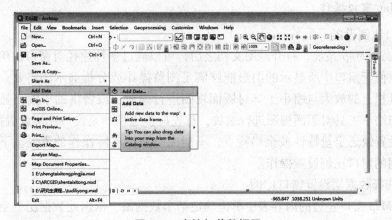

图 8-3　直接加载数据层

（2）单击 按钮，打开要素对话框。

2. 用 ArcCatalog 加载数据层

启动 ArcCatalog，在 ArcCatalog 中浏览要加载的数据层，点击需要加载的数据层，拖放到 ArcMap 内容列表中，完成加载。

（1）选择开始→所有程序→ArcGIS→ArcCatalog 命令（见图 8-4）。

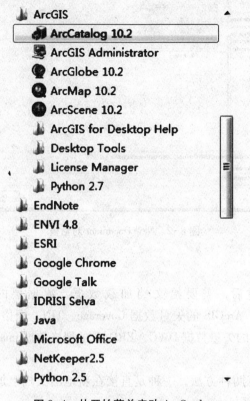

图 8-4 从开始菜单启动 ArcCatalog

（2）在 ArcMap 标准菜单栏单击 按钮，启动 ArcCatalog。

（三）ArcMap 窗口操作

1. 窗口比例设置

在进入 ArcMap 系统，打开地图文档之后，可以通过多种途径对窗口比例进行设置与调整，以便于窗口中所显示的图形能够满足浏览操作或分析演示的需要。借助于数据显示工具栏上的放大与缩小工具对版面视图进行缩放，或者借助于输出显示工具栏上的放大与缩小工具对版面视图进行缩放，首先应该想到的是窗口比例设置操作过程，但是这种设置缺乏定量特性或全局特点，不能完全满足实际操作的需要。下面介绍另外两种常用的窗口比例设置操作。

（1）选择数据层设置窗口比例

在 ArcMap 窗口左边的内容表中单击确定某个数据层，依据此数据层的空间范围与窗口大小的对比关系来设置窗口比例。

①在所确定的数据层上单击右键，弹出数据层操作菜单。

②在菜单中单击 Zoom To Layer（见图 8-5）。

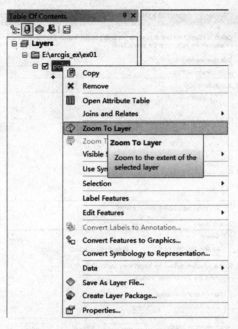

图 8-5　选择数据层设置窗口比例

（2）输入比例尺设置窗口比例

单击 [1:69,312]设置显示比例尺，借助于该下拉列表框，可以直接输入窗口比例尺数据，该比例尺数据就是窗口图形显示比例，调控比例尺数据时，图形要素以当前窗口中心点为参考同步缩放。

（3）数据要素选择

当需要在已有的数据中选择部分要素时，可以根据属性选择也可根据位置选择。

按属性选择：单击 Selection→Select By Attributes，弹出对话框，选取执行选择的图层，指定表达式，可通过设置字段及其条件完成要素的选择。

按位置选择：可以根据要素相对于另一图层要素的位置进行选择。单击 Selection→Select By Location（见图 8-6），弹出对话框（见图 8-7）。

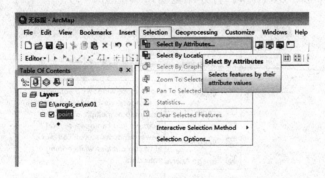

图 8-6　Select By Location 命令

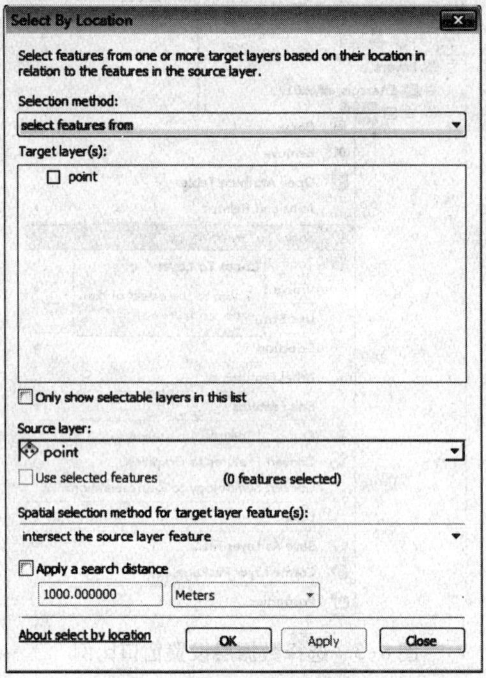

图 8-7 Select By Location 对话框

2. 辅助窗口设置

窗口比例设置是针对当前窗口进行的，对于数据视图和版面视图都适用。而在数据视图状态下，有时候用户可能并不愿意对整个串钩的显示状态进行调整，而只是对其中的局部要素进行考察或者对整体要素进行浏览，这时就可以设置辅助窗口。辅助窗口有三种类型：针对考察要素整体的浏览窗口（Overview Windows）、考察细部要素的放大窗口（Magnifier Windows）和可以局部放大的观察书签（Viewer Bookmank）。

（1）浏览窗口设置

启动 ArcMap，新建空白文档，加载数据。

①单击 Windows→Overview，打开浏览窗口（见图 8-8）。

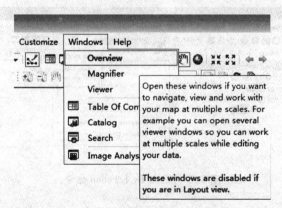

图 8-8 ArcMap 窗口（浏览窗口设置）

②在浏览窗口标题栏单击右键，打开浏览窗口菜单，单击 Properties 打开 Overview Properties 对话框（见图 8-9），设置属性。

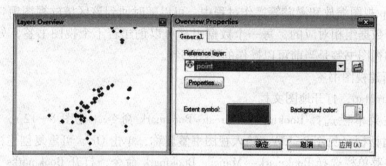

图 8-9 浏览窗口与 Overview Properties 对话框

（2）放大窗口设置

启动 ArcMap，新建空白文档，加载数据。

单击 Windows→Magnifier（见图 8-10），打开 Magnification 窗口（图 8-11），移动窗口到需要放大的位置，设置放大倍数；在放大窗口标题栏单击右键，可实现与 Viewer 的转换并设置属性。

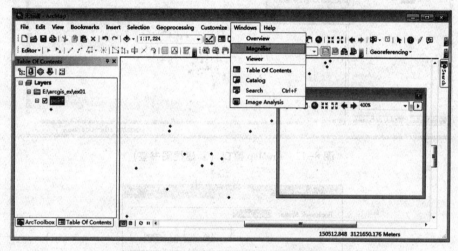

图 8-10 ArcMap 窗口（放大窗口设置）

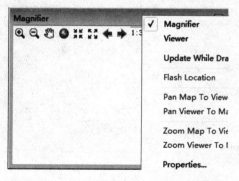

图 8-11 放大窗口与放大窗口操作菜单

3. 视图书签设置

View Bookmark（视图书签）是将某个工作区域或感兴趣区域的视图保存起来，以便在 ArcMap 视图缩放和漫游等操作过程中，可以随时回到该区域的视图窗口状态，视图书签是与数据组相对应的，每一个数据组都可以创建若干个视图书签，处于当前状态数据组的视图书签是当前可以操作的视图书签。

（1）新建视图书签

启动 ArcMap，打开地图文档。

①在主菜单栏选择 Bookmark→Create Bookmark 命令（见图 8-12），打开 Creat Bookmark 对话框（见图 8-13），输入视图书签名称，单击 OK，可重复创建视图书签。

②在主菜单栏选择 Bookmark→Manage Bookmark 命令，打开 Bookmarks Manager 对话框管理并新建视图书签（见图 8-14）。

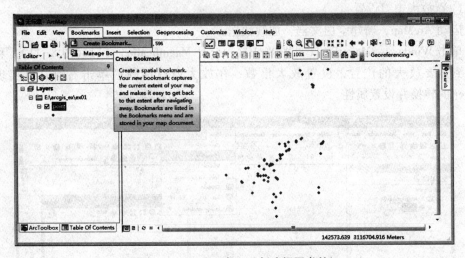

图 8-12　ArcMap 窗口（新建视图书签）

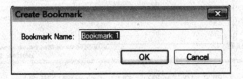

图 8-13　新建视图书签对话框

图 8-14 视图书签管理对话框

（2）在 Identify 对话框中新建视图书签

在数据显示工具栏上单击 ⬤ 按钮，在数据窗口单击左键，打开 Identify 对话框，在 Identify 对话框中右击某一要素，在弹出的菜单中选择 Creat Bookmark（见图 8-15），新建的视图书签也可在 Bookmark→Manage Bookmark 下进行管理。

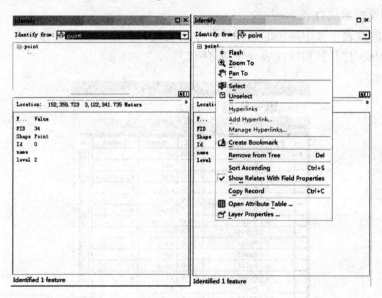

图 8-15 Identify 对话框

（3）在查询对话框中新建视图书签

在数据显示工具栏上单击 🔍 按钮，打开 Find 对话框，在 Find 对话框中输入要查询的要素，单击 Find，在查找的结果列表中选择需要的要素单击右键，选择 Create Bookmark（见图 8-16）。

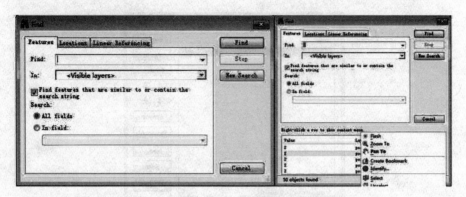

图 8-16　查找对话框

4. 地图数据浏览

启动 ArcMap，打开地图文档过后，地图显示窗口中所显示的是一系列点、线、面地图要素及其相应的符号。然而一幅地图除了几何数据还包含了非几何数据，即一系列空间数据与属性数据，在浏览地图要素过程中，可以通过多种方式浏览地图数据，并进行查询检索。

（1）浏览要素属性表

在窗口内容表中选中确定的数据层，单击右键，弹出数据层操作菜单，选择 Open Attribute Table，打开数据属性表（见图 8-17）。

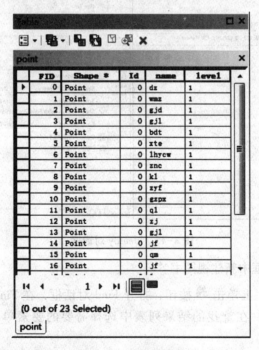

图 8-17　数据属性表

（2）选中要素浏览属性

在数据显示工具栏中单击 按钮，在数据窗口单击左键，打开 Identify 对话框

（见图 8-18）。

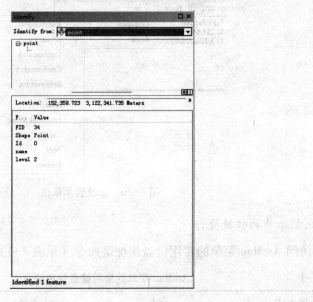

图 8-18　Identify 对话框

Identify 对话框包含了要素的多项属性数据。在 Identify from 下拉列表中选择查询要素所在的图层，默认的是 Top-most layer；该对话框上面的目录中，一级目录显示当前图层名，二级目录显示选择要素的关键字，选择其中某一要素，则该要素的所有属性数据都将显示在下面的属性表中；对话框中间的 Location 显示的是要素在单击处的坐标。

（3）地图数据测量

在数据显示工具栏上单击 按钮，指针变为测量标尺形状，弹出 Measure 对话框，进入测量状态。在 Measure 对话框切换距离测量、面积测量和坐标测量，以距离测量为例。

①在数据显示窗口单击，确定测量起点，再次单击确定第 2 点，接着单击以确定第 3 点、第 4 点……

②在测量终点处双击，结束距离测量。

③在 Measure 窗口中查看测量结果，Segment 为当前正在测量的一段距离，Total 为总距离（见图 8-19）。

④根据需要的单位显示测量结果（见图 8-20）。

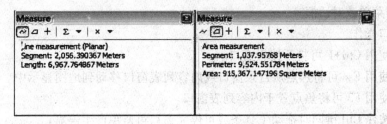

图 8-19　Measure 对话框

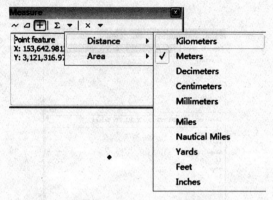

图 8-20　修改显示单位

（四）ArcMap 中的快捷操作

1. 访问 ArcMap 菜单的常用键盘快捷键命令（见表 8-1）

表 8-1　　　　　　　　　　ArcMap 菜单的常用键盘快捷键命令

快捷方式	命令	菜单	功能
CTRL+N	New	File	新建地图
CTRL+O	Open	File	打开已存在的地图
CTRL+S	Save	File	保存
ALT+F4	Exit	File	退出
CTRL+Z	Undo	Edit	编辑
CTRL+Y	Redo	Edit	返回上次操作
CTRL+X	Cut	Edit	剪切
CTRL+C	Copy	Edit	复制
CTRL+V	Paste	Edit	粘贴
DELETE	Delete	Edit	删除
F1	ArcGIS Desktop Help	Help	帮助
Shift+F1	What's This	Help	联机帮助

　　要访问主菜单，按 Alt 键并使用方向键在菜单中移动；按 Enter 键进行选择；按 Esc 键关闭菜单或对话框。

2. 窗口操作

（1）使用 Ctrl+F 可打开搜索窗口。

（2）使用 Esc 可将焦点从目录窗口或内容列表窗口移动到地图显示中。

（3）使用 F3 可将焦点置于内容列表窗口。

（4）按住 Ctrl 键同时拖动工具条或可停靠窗口可避免产生停靠。

（5）要停靠或取消停靠任何可停靠窗口，可双击其标题栏；如果它与其他停靠的窗口堆叠在一起，则可以双击其选项卡。

3. 刷新或暂停地图绘制

（1）按 F5 可刷新并重新绘制显示画面。

（2）需要暂停绘制时按 F9，这样可对地图进行更改而无需在每次更改后重新绘制地图，再次按 F9 可恢复绘制。

4. 通过拖放进行移动或复制

（1）可以在内容列表中以及在 ArcMap 会话之间拖放或复制并粘贴多个图层。还可以在 ArcMap 会话之间拖放或者复制并粘贴多个数据框。

（2）通过拖放可将图层移入和移出数据框内部的图层组。

（3）将复制在数据框之间以及 ArcMap 会话之间拖放的图层；在拖放时按住 Ctrl 键可在数据框之间和 ArcMap 会话之间移动图层。

（4）将移动拖放的数据框；在拖放的同时按住 Ctrl 键将复制数据框。

（5）将移动拖放到数据框内部的图层；在拖放的同时按住 Ctrl 键将复制图层。

（6）同样，在 ArcCatalog 中，也可以在拖放的同时按住 Ctrl 键来复制项目。

5. 使用键盘导航内容列表

（1）按 F3 或单击内容列表的内部可将键盘焦点置于内容列表中，以便进行导航及与其进行交互。

（2）按 Esc 键或单击地图可将键盘焦点置于地图中。

（3）按 Home 键可选择内容列表中的第一个项目。

（4）按 End 键可选择内容列表中的最后一个项目。

（5）使用 Page Up 或 Page Down 箭头可在内容列表中的项目间进行移动。

（6）使用左/右箭头或+和−键可展开或折叠所选项目。在内容列表底部的选项卡之间也将进行相应的切换，从而指示具有键盘焦点的所选项目。

（7）使用空格键可打开或关闭所选图层的绘制。

（8）在内容列表中选择单个图层时，使用 Ctrl+空格键可打开或关闭数据框中的所有图层。

（9）如果所选图层是图层组或复合图层（例如 ArcIMS 影像服务图层）的一部分，则也将打开或关闭该图层组或复合图层中的所有图层。如果选择了多个图层，使用 Ctrl+空格键所产生的效果与单独使用空格键的效果一样，将只打开或关闭所选图层。

（10）使用 F2 可重命名所选项目。

（11）使用 F12 或 Enter 可打开所选项目的属性对话框。如果当前所选的项目是标题、符号或标注，将打开图层属性对话框，同时在顶部显示符号系统选项卡。

（12）使用 Shift+F10（或某些键盘具有的应用程序键）可打开所选项目的快捷菜单。

（13）当键盘焦点置于项目中或选中属性对话框选项卡或内容列表选项卡时，使用 Shift+F1 或 F1 可获取上下文帮助。

（14）使用 F11 可激活所选数据框，也可以按住 Alt 并单击数据框来将其激活。

（15）当地图中存在多个数据框时，使用 Ctrl+Tab 可循环显示各个数据框并将其激活。

6. 在内容列表中使用鼠标快捷键

（1）Ctrl+单击扩展控件（+/-）可在该层级展开或折叠所有项目。如果当前只选择一些项目，则只会展开或折叠所选项目。

（2）Ctrl+单击可选择或取消选择多个图层或数据框。

（3）Shift+单击可在相同层级内容列表中的两个图层之间或两个数据框之间选择所有图层或数据框。

（4）Alt+单击数据框可将其激活。

（5）Ctrl+单击图层的复选框可在该层级上打开或关闭所有图层。如果当前选择一些项目，则只会打开或关闭所选项目。

（6）Alt+单击某个图层的复选框可在该层级上打开该图层以及关闭所有其他图层。

（7）Alt+单击图层名称可缩放至该图层的范围。这样就不需要右键单击图层再单击缩放至图层。

（8）拖动图层时，将指针悬停在扩展控件上以展开或折叠项目。

（9）右键单击要素、图层和数据框始终可以打开快捷菜单。

7. 导航地图和布局页面

按住以下按键可临时将当前使用的工具转为导航工具：

Z-放大。

X-缩小。

C-平移。

B-连续缩放/平移（拖动鼠标左键可进行缩放；拖动鼠标右键可进行平移）。

Q-漫游（按住鼠标滚轮，待光标改变后进行拖动，或者按住 Q）。

可在数据视图和布局视图中使用这些快捷键。在布局视图中，默认情况下可对页面应用这些快捷键。按住 Shift 的同时按某个键可对单击的数据框（而不是页面）应用该快捷键操作。

8. 打开和关闭表窗口

（1）Ctrl+双击内容列表中的某个图层或表以打开表。

（2）使用 Ctrl+T 或 Ctrl+Enter 可打开所选图层的表或内容列表中的表。

（3）使用 Ctrl+Shift+T 可最小化或最大化所有打开的表窗口。

（4）使用 Ctrl+Shift+F4 可关闭所有打开的表窗口。

（五）ArcMap 联机帮助

当把鼠标指针移动到某个按钮或命令上时，会自动弹出一个描述该按钮或命令功能的简要说明（见图 8-21）。有些对话框还提供一个 Help 按钮，单击该按钮可以导向 ArcMap 主菜单的 Help 功能下对应的相关信息。在 ArcMap 窗口主菜单栏选择 Help→ ArcGIS Desktop Help 命令，弹出 ArcMap 的帮助主题（见图 8-22），里面提供了包括基本概念在内的更详细的信息。

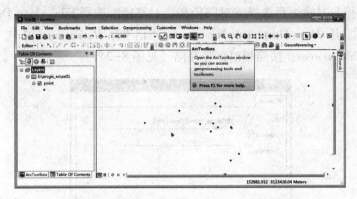

图 8-21 ArcMap 窗口（ArcToolbox 的简要说明）

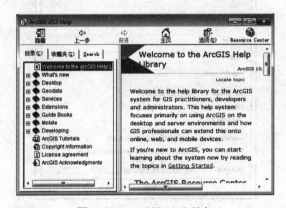

图 8-22 ArcGIS 10.2 Help

（六）保存 ArcMap 并退出

如果对打开的 ArcMap 文档进行过编辑或者新建了地图文档，那就需要保存文档。

（1）如果是将编辑内容保存在原来的文件中，直接单击标准工具栏 按钮。

（2）如果需要将编辑内容保存在新的文件中，选择 File→Save As 命令，确定文件的保存地址（见图 8-23），保存文件。

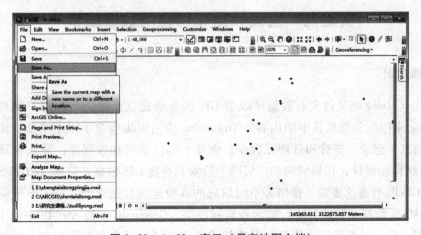

图 8-23 ArcMap 窗口（另存地图文档）

在保存文档的时候注意选择绝对路径和相对路径。选择 File→Map Document Properties 命令，打开 Map Document Properties 对话框，Pathnames 勾选 Store relative pathnames to data sources，按照相对路径存储（见图 8-24）。

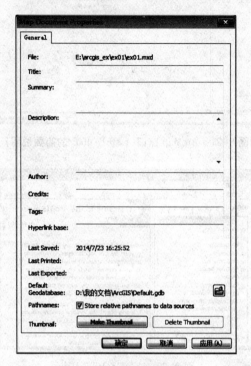

图 8-24　设置存储路径

（3）选择 File→Exit 命令退出 ArcMap，或者单击窗口右上角关闭 ArcMap。

四、问题思考

地理数据是如何组织并基于图层显示的？

实验九　空间数据库创建及数据编辑

一、基础知识

当 ArcCatalog 与文件夹、数据库或者 GIS 服务器建立连接之后，用户就可以通过 ArcCatalog 来组织和管理其中的内容。ArcCatalog 应用模块包含了以下功能：浏览和查找地理信息；记录、查看和管理元数据；创建、编辑图层和数据库；导入和导出 Geodatabase 结构和设计；在局域网和广域网上搜索和查找 GIS 数据；管理 ArcGIS Server。

ArcGIS 具有表达要素、栅格等空间信息的高级地理数据模型，ArcGIS 支持基于文件和 DBMS（数据库管理系统）的两种数据模型。Geodatabase 是 ArcGIS 中最主要的数据库模型，是一种采用标准关系数据库技术来表现地理信息的数据模型，它实现了矢量数据和栅格数据的一体化存储，也可以将图形数据和属性数据同时存储在一个数据表中，每一个图层对应这样一个数据表。因此 Geodatabase 可以表达复杂的地理要素，例如：可以同时表示线状和面状的水系。

二、实验目的和要求

利用 ArcCatalog 管理地理空间数据库；掌握 ArcMap 中数据的查询与编辑的基本操作；掌握数据矢量化的方法和过程。

三、实验步骤

（一）启动 ArcCatalog

启动 ArcCatalog 一般有以下几种方法：

（1）如果在软件安装过程中已经创建了桌面快捷方式，双击 ArcCatalog 快捷方式。

（2）选择开始→所有程序→ArcGIS→ArcCatalog 命令（见图 9-1）。

（3）在 ArcMap、ArcGlobe、ArcScene 等应用程序中单击 ArcCatalog 图标（见图 9-2）。

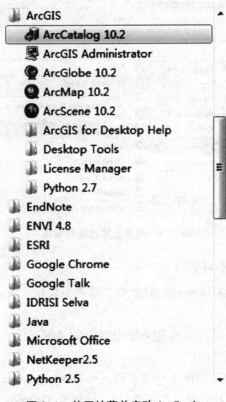

图 9-1　从开始菜单启动 ArcCatalog

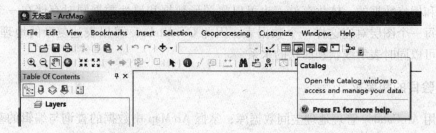

图 9-2　从 ArcMap 中启动 ArcCatalog

（二）新建地理数据库

ArcCatalog 中可以创建两种地理数据库：本地地理数据库（个人地理数据库、文件地理数据库）和 ArcSDE 地理数据库。本地地理数据库可在 ArcCatalog 中直接创建，ArcSDE 地理数据必须在网络服务器上安装数据库管理系统和 ArcSDE，再建立从 Arc-Catalog 到 ArcSDE 的连接。下面以新建文件地理数据库为例。

在 ArcCatalog 目录树中选择目标文件夹，在右边空白处单击右键，选择 New→File Geodatabase 命令（见图 9-3），新建文件地理数据库，并命名。

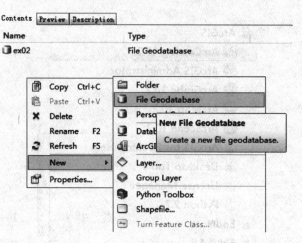

图 9-3　新建文件地理数据库

（三）建立数据库中的基本组成项

地理数据库中的基本组成项包括对象类、要素类和要素数据集。

1. 新建要素数据集

新建的要素数据集中所有的要素类使用相同的坐标系统，所有要素类的所有要素坐标必须在坐标值域的范围内。

（1）在已建立的地理数据库上单击右键，选择 New→Feature Dataset 命令（见图 9-4），打开 Feature Dataset 对话框（见图 9-5），给要素类命名。

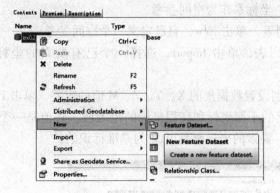

图 9-4　新建要素数据集

图 9-5　新建要素数据集对话框

（2）单击下一步，弹出定义坐标系对话框（见图 9-6）。

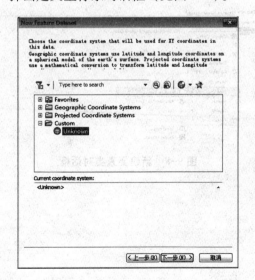

图 9-6　新建要素数据集对话框（定义坐标系）

①选择系统提供的某一坐标系作为空间参考。

②单击 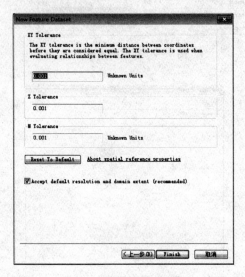 按钮下拉列表，单击 New，自己定义一个空间参考。

③单击 按钮下拉列表，单击 Import，选择一个已有要素的坐标系作为空间参考。

（3）单击下一步，分别设置数据集的 X、Y、Z、M 值的容差，单击 Finish（见图 9-7）。X、Y、Z 值表示要素的平面坐标和高程坐标的范围域，M 值是一个线性参考值，代表一个有特殊意义的点，要素的坐标都是以 M 为基准标识的。

图 9-7　容差设置对话框

2. 新建要素类

（1）在新建的要素数据集上单击右键，选择 New→Feature Class 命令（见图 9-8），打开 New Feature Class 对话框（见图 9-9）。

图 9-8　新建要素类对话框

图 9-9　New Feature Class 对话框

（2）在对话框输入要素类名称，指定要素类别（点、线、面等），单击下一步，配置关键字。

（3）单击下一步，确定要素类字段名及其类型与属性。单击 Field Name 列下面的第一个空白行，输入新字段名，选择数据类型。在 Field Properties 栏中编辑字段的属性，包括新字段的别名、是否允许出现空值、默认值、属性域及精度，单击 Finish（见图 9-10）。

（4）依次建立其他类别要素类。

图 9-10　新建要素类对话框（要素类字段名及其类型与属性设置）

（四）拖放数据到 ArcMap 中

选中新建的要素类拖入 ArcMap 的内容列表中，可对要素类进行浏览和编辑。

（五）打开编辑工具

在 ArcMap 标准工具栏中单击按钮，或在工具栏空白处单击鼠标右键，选择 Editor，打开 Editor 工具条（见图 9-11）。

图 9-11　Editor 工具条

（六）图形要素的输入

（1）单击 Editor 工具条下拉菜单，选择 Start Editing，进入编辑状态。

（2）单击 📝 按钮，打开 Create Feature 对话框（见图 9-12），选择需要输入的图形对象，进行编辑。

图 9-12　Create Feature 对话框

（3）输入图形完毕，单击 Editor 工具条下拉菜单，选择 Save Edits，等待保存完毕，Stop Editing，完成图形输入。

（七）图形编辑

1. 简单编辑

（1）移动编辑要素

ArcMap 有两种移动要素的方式：直接拖动和坐标增量移动，可以根据需要移动要素。

①直接拖动要素

单击 Editor 工具栏中的 Edit Tool 按钮 ▶。

选中需要移动的要素单击左键，被选择的要素高亮显示并在中心出现选择锚。

按住鼠标左键，拖动要素到目标位置。

②坐标增量移动

单击 ▶ 按钮，选中需要移动的要素。

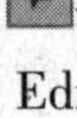

单击 Editor 下拉菜单，选择 Move 命令（见图 9-13），打开 Delta X，Y 数值框。

输入确定的坐标增量并按 Enter 键（见图 9-14），要素按照定义的坐标增量移动。

图 9-13 Editor 下拉菜单

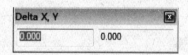

图 9-14 Delta X，Y 数值框

（2）旋转编辑要素

ArcMap 有两种旋转编辑要素的方式：任意旋转和给定角度旋转。

①任意旋转

单击 按钮，选中需要旋转的要素。

单击 Rotate 按钮，按住鼠标左键拖动要素旋转到目标位置。

②按角度旋转

单击 按钮，选中需要旋转的要素单击左键。

单击 Rotate 按钮，在键盘上按字母 A，打开 Angle 数值框。

输入旋转角度并按 Enter 键（见图 9-15），要素按照输入角度旋转到目标位置。

图 9-15 Angle 数值框

（3）复制编辑要素

根据实际需要，可以在同一数据层内复制要素，也可以在不同数据层之间复制要素。在不同的数据层之间复制要素时，需要在编辑工具栏中明确定义进行复制与粘贴的数据层。

①单击█按钮，选中需要复制的要素单击左键。

②在标准工具栏中单击 Copy 按钮█或者单击右键，打开快捷菜单，选择 Copy。

③在标准工具栏单击 Paste 按钮█或者单击右键选择 Paste，弹出 Paste 对话框，选择粘贴的目标层，点击 OK（见图 9-16）。

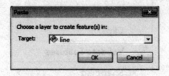

图 9-16　Paste 对话框

（4）删除编辑要素

①单击█按钮，选中需要删除的要素单击左键。

②在标准工具栏单击 Delete 按钮█或者在键盘上按 Delete 键直接删除。

2. ArcMap 要素编辑

（1）要素复制

①平行复制

单击█按钮，选中需要复制的线要素。

在 Editor 下拉菜单中选择 Copy Parallel 命令（见图 9-17），打开 Copy Parallel 对话框。

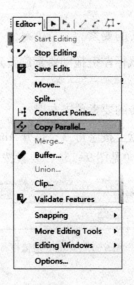

图 9-17　选择 Copy Parallel 命令

单击 Template，选择需要放置平行线的数据层；按照地图单位输入平行线之间的距离；选择复制要素的方向，单击 OK（见图 9-18）。

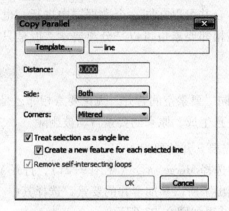

图 9-18　Copy Parallel 对话框

②缓冲区边界生成与复制

单击 ▶ 按钮，选中需要生成缓冲区的要素。

在 Editor 下拉菜单中选择 Buffer 命令（见图 9-19），打开 Buffer 对话框。

单击 Template，选择生成的缓冲区复制的目标图层；按照地图单位输入缓冲距离，单击 OK（见图 9-20）。

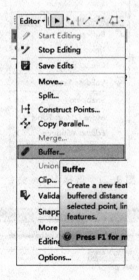

图 9-19　选择 Buffer 命令

图 9-20　Buffer 对话框

（2）要素合并

ArcMap 中要素的合并可以概括为两种类型，要素空间合并（Merge 和 Union）和要素裁剪合并（Intersect）。合并可以在同一个数据层中进行，也可以在不同的数据层中进行，参与合并的可以是相邻要素也可以是分离要素，但是只有相同类型的要素才可以合并。

①Merge

Merge 操作可以完成同层要素空间合并，无论要素相邻还是分离，都可以合并成一个新的要素，新的要素一旦生成，原来的要素自动被删除。

单击 ▶ 按钮，选中需要合并的要素。

在 Editor 下拉菜单中选择 Merge 命令（见图 9-21），打开 Merge 对话框。

在 Merge 对话框中列出了所以参加合并的要素，选择其中一个要素，单击 OK（见图 9-22），完成 Merge，结果如图 9-23 所示。

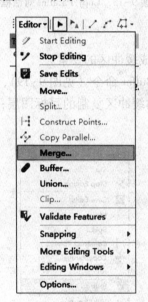

图 9-21　选择 Merge 命令

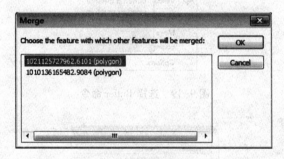

图 9-22　Merge 对话框

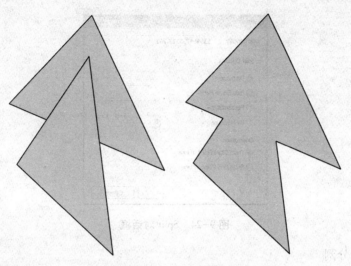

图 9-23　合并的结果

②Union

Union 操作可以完成不同层要素空间合并，无论要素相邻还是分离，都可以合并生成一个新要素。

单击 ▶ 按钮，选中需要合并的要素（来自不同数据层）。

在 Editor 下拉菜单中选择 Union 命令，所选择的要素被合并成一个新的要素。

点击 Template，选择合并后的新要素所属的目标数据层。

（3）要素分割

应用 ArcMap 要素编辑工具可以分割线要素和多边形要素。对线要素可以任意定义一点进行分割，也可以在离开线的起点或终点一定的距离处分割，还可以按照线要素长度百分比进行分割；对多边形要素按照绘制的分割线进行分割。分割后线要素和多边形的属性值是分割前线要素属性值的复制。

①线要素分割

·任意点分割线要素

单击 ▶ 按钮，选中需要分割的线要素。

单击编辑工具条上的 Split Tool 按钮 ✕，在线要素上任意选择分割点。

单击左键，线要素按照分割点分成两段，可通过查询工具查看。

·按长度分割线要素

单击 ▶ 按钮，选中需要分割的线要素。

在 Editor 下拉菜单选择 Split 命令，打开 Split 对话框（见图 9-24）。

在 Split Options 中可以选择三种分割方式：Distance（长度距离）、Into Equal Parts（等间距）、Percentage（长度比例）。在 Orientation 中可以选择是从线要素的起点计算距离还是从终点计算距离，根据需要选择后单击 OK。

图 9-24　Split 对话框

②多边形分割

单击 ▶ 按钮，选中需要分割的多边形。

在 Editor 工具栏选择 Cut Polygons Tool 按钮 ⊕，直接绘制分割线，单击右键选择 Finish Sketch 或者双击左键完成绘制，多边形即被分割（见图 9-25）。

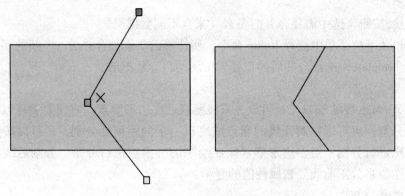

图 9-25　多边形分割结果

（4）线要素的延长与裁剪

在工具栏单击右键，选择 Advanced Editing 命令，弹出 Advanced Editing 工具条（见图 9-26）。

图 9-26　Advanced Editing 工具条

①线要素延长

单击 ▶ 按钮，选中需要延长到的相应位置的目标线段。

单击 Advanced Editing 工具条中的 ⊢ 按钮，选择需要延长的线段。

根据提示将线要素延长到目标线段（见图 9-27）。

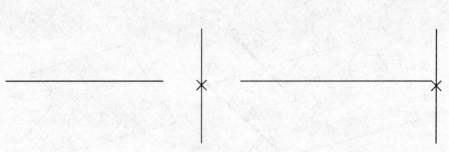

图 9-27　线要素的延长

②线要素裁剪

单击 ![按钮] 按钮，选择需要互相裁剪的两根目标线段。

单击 Advanced Editing 工具条中的 ![按钮] 按钮，选择需要裁剪掉的线段，单击左键（见图 9-28）。

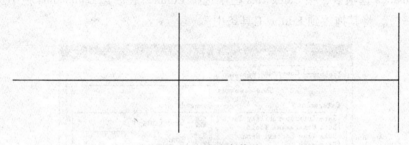

图 9-28　线要素裁剪

（5）要素的变形与缩放

①要素的变形

线要素与多边形要素的变形操作都是通过绘制草图完成的。在对线要素进行变形操作时，草图线的两个端点应该位于线要素的一侧，而在对多边形要素进行变形操作时，若草图的两个端点位于多边形内，多边形将增加一块草图面积，如果草图的两个端点位于多边形外，多边形将被裁剪掉一块草图面积。

单击 ![按钮] 按钮，选择需要修整的要素（线或多边形）。

在 Editor 工具栏选择 Reshape Feature Tool 按钮 ![按钮]，图形上绘制一条草图线，双击左键完成绘制（见图 9-29 和图 9-30）。

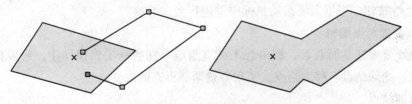

图 9-29　草图的两个端点位于多边形内

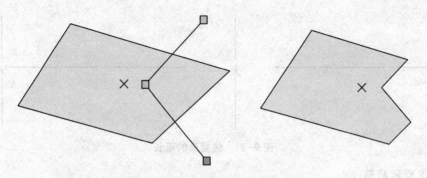

图 9-30　草图的两个端点位于多边形外

②要素的缩放

单击 Editor 工具条最右侧倒三角形，选择 Customize 命令，打开 Customize 对话框，进入 Commands 选项卡，在 Categories 栏中选择 Editor，在右边 Commands 栏中选择 Scale（见图 9-31），将其拖放到 Editor 工具条中。

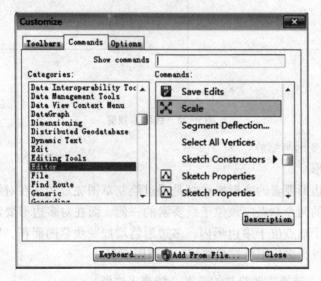

图 9-31　Customize 对话框

单击 ▶ 按钮，选择需要缩放的要素。

单击 ✖ 按钮，根据需要滚动鼠标中键进行要素缩放。

（6）要素结点编辑

无论线要素还是面要素，都由若干结点组成，在数据编辑操作中，可以根据需要添加结点、删除结点、移动结点，实现要素局部形态的改变。

①添加结点

单击 ▶ 按钮，选择需要添加结点的要素。

单击 Edit Vertices 按钮 ，打开 Edit Vertices 工具条。

在需要添加结点的位置单击右键，选择 Insert Vertex 命令，或者选中添加结点图标

⯮，在需要添加结点的位置单击左键。

②删除结点

单击▶按钮，选择需要删除结点的要素。

双击选中的要素，在需要删除结点的位置单击右键，选择 Delete Vertex 命令。

③移动结点

移动结点是改变要素形状的常用途径，移动结点可以使要素完全变形，也可以使要素在保持基本几何形状的前提下拉伸。移动结点有 4 种方法：

单击▶按钮，双击需要移动结点的要素，在需要移动的结点上按住左键，将结点拖放到目标位置。

在需要移动的结点上单击右键，选择 Move To 命令，打开 Move To 窗口，输入绝对坐标并按 Enter 键。

在需要移动的结点上单击右键，选择 Move 命令，打开 Move 窗口，输入坐标增量并按 Enter 键。

选择需要移动拉伸结点的要素，在 Editor 下拉菜单中选择 Options 命令，打开 Editing Options 对话框，进入 General 标签，勾选 Stretch geometry proportionately when moving a vertex 选项，完成要素拉伸开关设置，退出对话框（见图 9-32）。在需要移动结点上按住左键，将结点拖放到目标位置。

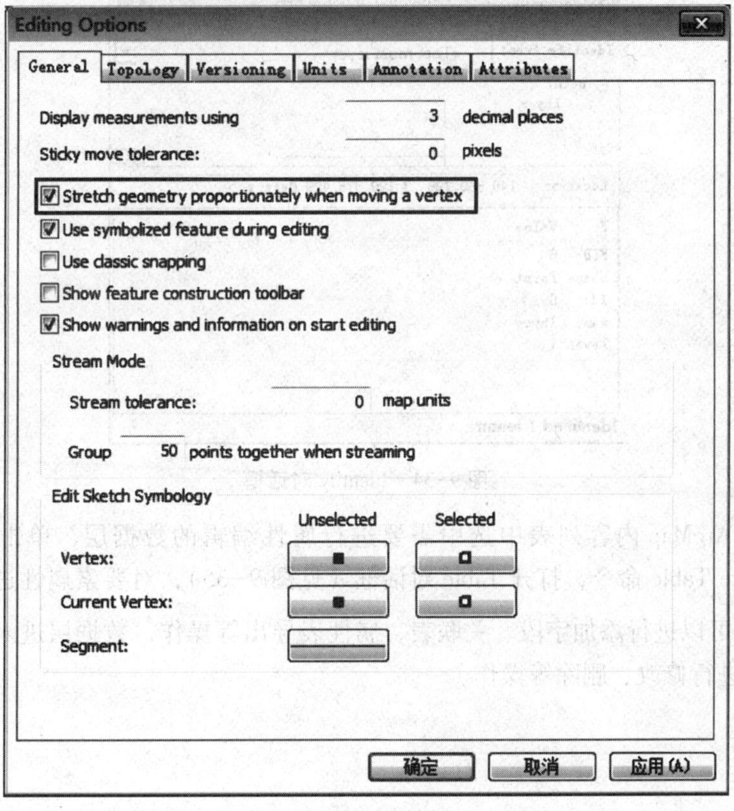

图 9-32 Editing Options 对话框

（八）属性编辑与操作

属性编辑包括对单要素或多要素属性进行添加、删除、修改、复制、传递或粘贴等多种编辑操作。

（1）单击▶按钮，选择需要编辑属性的要素，单击右键，选择 Attributes，打开 Attributes 对话框，可以查看要素的属性并修改其属性值（见图 9-33）。

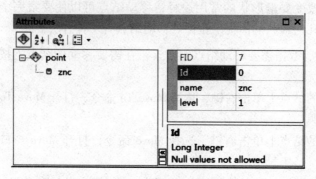

图 9-33　Attributes 对话框

（2）单击标准工具栏🛈按钮，打开 Identify 对话框，对要素属性进行查询和编辑（见图 9-34）。

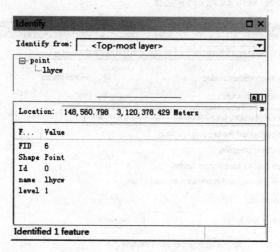

图 9-34　Identify 对话框

（3）在 ArcMap 内容列表中选中需要进行属性编辑的数据层，单击右键，选择 Open Attribute Table 命令，打开 Table 对话框（见图 9-35），对要素属性进行查看，点击🗐按钮，可以进行添加字段、关联表、属性表导出等操作，数据层进入编辑状态还可对属性表进行修改、删除等操作。

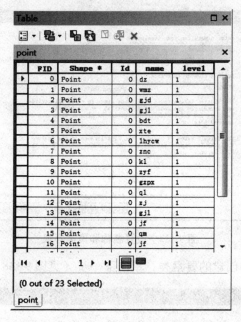

图 9-35　属性表

（九）拓扑关系建立与拓扑编辑

1. 地图拓扑建立

（1）在前文建立数据库和数据输入编辑的基础上，对数据库内数据进行完善、保存。

（2）在 ArcCatalog 目录树中，在数据集上单击右键，选择 New→New Topology 命令，打开 New Topology 对话框，其是对创建拓扑的简单介绍，单击下一步（见图 9-36）。

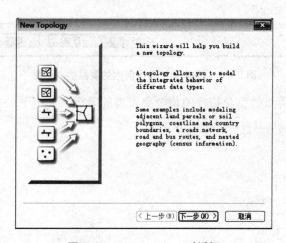

图 9-36　New Topology 对话框

（3）输入拓扑名称，设置聚类容限，单击下一步（见图 9-37）。聚类容限应该依据数据精度尽量小，它决定了在多大范围内要素能被捕捉到一起。

图 9-37　设置名称和聚类容限

（4）选择参与拓扑创建的要素类，单击下一步（见图 9-38）。

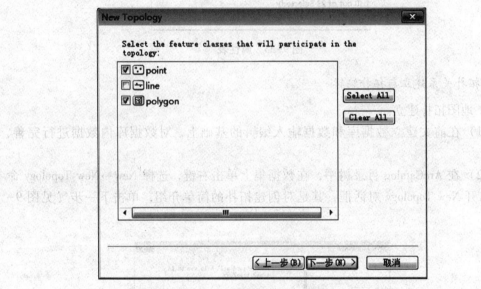

图 9-38　选择参与拓扑创建的要素类对话框

（5）输入拓扑等级数目及拓扑中每个要素类的等级，单击下一步（见图 9-39）。

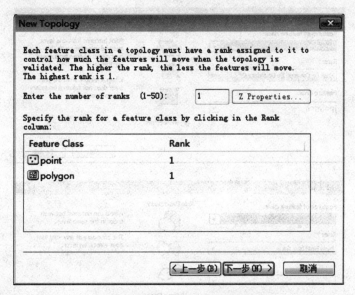

图 9-39 设置拓扑等级数目对话框

（6）添加拓扑规则。单击 Add Rule 按钮（见图 9-40），打开 Add Rule 对话框，在 Feature of feature class 下拉框中选择拓扑规则的要素，根据要求在 Rule 下拉框中选择拓扑规则（见图 9-41），点击 OK，将规则添加到对话框中，单击下一步。

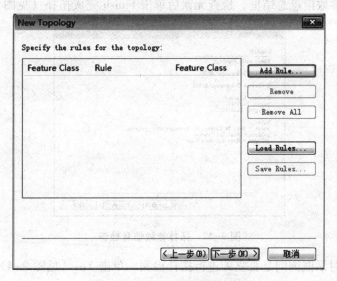

图 9-40 设置拓扑规则对话框

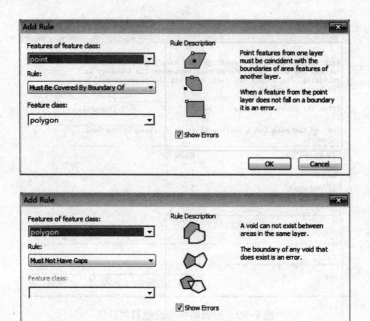

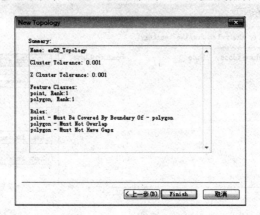

图 9-41　选择拓扑规则

（7）查看参数信息总结框，检查无误后单击 Finish 完成拓扑（见图 9-42）。

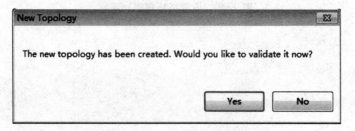

图 9-42　拓扑参数信息检查

（8）出现对话框询问是否立即进行拓扑检测，单击 Yes（见图 9-43）。

图 9-43　选择进行拓扑检测

2. 拓扑编辑

（1）将创建的拓扑拖放到 ArcMap 中，对照内容列表里提示的面错误、线错误和点错误查看图形中出现的错误（见图 9-44）。

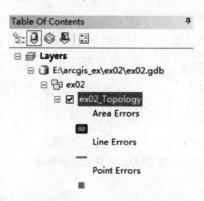

图 9-44　在 ArcMap 中显示拓扑错误

（2）在标准工具栏单击右键，选择 Topology 命令，加载 Topology 工具条；单击 Editor 下拉菜单，选择 Start Editing 命令，进入编辑状态，Topology 工具条被激活（见图 9-45）。

图 9-45　Topology 工具条

（3）单击 Topology 工具条中的■按钮检测拓扑错误，打开 Error Inspector 对话框，单击 Search Now 按钮（见图 9-46），即可检查出拓扑错误。

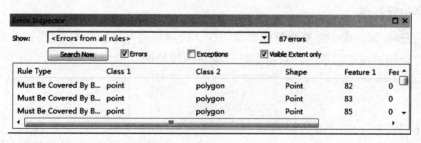

图 9-46　错误检查器对话框

（4）根据具体错误对数据进行修改。

（5）拓扑修改后重新进行拓扑错误检验，可以单击 Topology 工具条中的■按钮，在指定区域进行拓扑检验；单击■按钮，在当前可见视图或整个区域进行拓扑检验。检验过后若还有错误，再继续修改。

（6）拓扑编辑。

创建拓扑过后，拓扑关联要素之间具有共享边或点，编辑共享边或点的过程不会影响要素之间的相对空间关系，拓扑编辑常用语数据更新。

在标准工具栏单击右键，选择 Topology 命令，打开 Topology 工具条。

①共享要素移动

共享结点的移动：

单击 按钮，选中需要移动的共享结点，结点高亮显示，按住鼠标左键将结点拖动到目标位置（见图 9-47）。数据集中与其拓扑关联的边线和结点都相应更新位置。

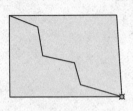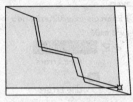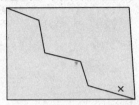

图 9-47 共享结点的移动

共享边的移动：

单击 按钮，选中需要移动的共享边线，边线高亮显示，按住鼠标左键将边线拖动到目标位置（见图 9-48）。数据集中与其拓扑关联的边线和结点都相应更新位置。

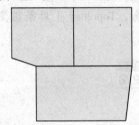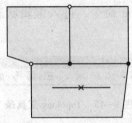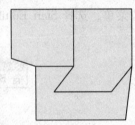

图 9-48 共享边的移动

②共享边线编辑

共享边线修整：

单击 按钮，选中需要修整的共享边线，边线高亮显示，单击 按钮，根据边修整的需要绘制边线变形草图，双击左键结束草图线绘制（见图 9-49）。

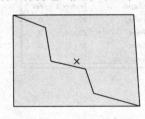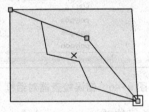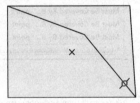

图 9-49 共享边线变形

共享边线修改：

单击 按钮，选中需要修改的共享边线，边线高亮显示，单击 按钮，根据需要对边线进行修改，包括结点的添加、删除、移动等操作（见图 9-50）。

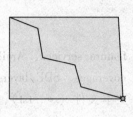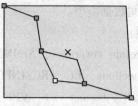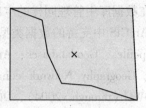

图 9-50　共享边线修改

四、问题思考

地理要素和属性是怎样关联到一起的？

实验十　空间数据转换与处理

一、基础知识

空间数据是 GIS 的一个重要组成部分，整个 GIS 都是围绕空间数据的采集、加工、存储、分析和表现展开的。

（一）地图投影和投影变换

空间数据与地球上的某个位置是相对应的，对空间数据的定位必须将其嵌入一个空间参照系中。因为 GIS 描述的是位于地球表面的信息，所以根据地球椭球体建立的地理坐标（经纬网）可以作为空间数据的参照系统。而地球是一个不规则的球体，为了能够将其表面的内容显示在平面的显示器或纸上，就必须将球面的地球坐标系统变换成平面的投影坐标系统。因此，运用地图投影的方法，建立地球表面和平面上点的函数关系，使地球表面上由地理坐标确定的点，在平面设计行有一个与它相对应的点。

目前投影变换的基本方法有以下几种：

1. 解析变换法

找出两投影间的解析关系式。通常有正解变换法，即直接由一种投影的数字化坐标（x，y）变换到另一种投影的直角坐标（X，Y）；反解变换法，即由一种投影的坐标反解出地理坐标（x，y→i，λ），然后再将地理坐标代入另一种投影的坐标公式中（i，λ→X，Y），从而实现投影坐标的变换。

2. 数值变换法

根据两投影间的若干离散点（或称共同点），运用数值逼近理论和方法建立它们间的函数关系，或直接求出变换点的坐标。

3. 数值解析变换法

将上述两类方法相结合，即按数值法实现（x，y→i，λ）的变换，再按解析法实现（i，λ→X，Y）的变换。

（二）数据格式转换

基于文件的空间数据类型包括对多种 GIS 数据格式的支持，Geodatabase 数据模型也可以在数据库中管理同样的空间数据类型。

在 ArcGIS 中支持的数据类型：

Shapefiles、Geodatabases、ArcInfo coverages、ArcIMS feature services、ArcIMS map services、Geography Network connections、PC ARC/INFO coverages、SDE layers、TIN、DXF、DWG（through v2004）、DGN（through v8）、VPF、文本文件（＊．txt）、OLEDB 表、SDC。

其中栅格数据类型支持下列格式：

ADRG 系列的文件：Image（．IMG）、Overview（．OVR）、Legend（．LGG）。

ESRI 系列的文件：GRID、SDE Raster、Raster Catalogs（Image Catalogs）、Band Interleaved by Line（．BIL）、Band Interleaved by Pixel（．BIP）、Band Sequential（．BSQ）、Band Sequential（．BSQ）、GRID Stack（＜directory＞）、GRID Stack File（．STK）。

ERDAS 系列的文件：Imagine（．IMG）、7.5 Lan（．LAN）、7.5 GIS（．GIS）、Raw（．RAW）。

其他文件格式：Windows 位图（．BMP）、Controlled Image Base（CIB）、压缩的 ARC 数字栅格图形（CADRG）、数字地理信息交换标准（DIGEST）、DTED Level 0，1，and 2（．DT＊）、ER Mapper（．ERS）、图形交换格式（．GIF）、Intergraph raster file（CIT or.COT）、JPEG 文件交换格式 JIFF（．JPG）及 JPEG 2000（．JP2）、美国图像转换格式 NITF 2.0 and 2.1（．NTF）、Portable Network Graphics（．PNG）、LizardTech MrSID and MrSID Gen 3（．SID）、Tagged Image File Format、TIFF（．TIF）。

空间数据的来源有很多，空间数据也有多种格式，根据应用需要对数据的格式要进行转换。转换是数据结构之间的转换，而数据结构之间的转化又包括同一数据结构不同组织形式间的转换和不同数据结构间的转换。其中，不同数据结构间的转换主要包括矢量到栅格数据的转换和栅格到矢量数据的转换。

二、实验目的和要求

理解地图投影和投影变换的原理和方法，能根据需要为地图定义合适的坐标系及进行投影变换；熟悉 ArcGIS 中不同的数据结构，并能根据需要进行转换；掌握基本的空间数据处理方法。

实验数据包括原始 DEM 数据（DEM1、DEM2、DEM3 和 DEM4）和未裁切的边界矢量数据（Vector. shp），存放于本书数字资源包（…\ex10\Data）。

三、实验步骤

1. 矢量数据提取

（1）新建地图文档，加载未裁切的矢量数据 Vector. shp（见图 10-1）。

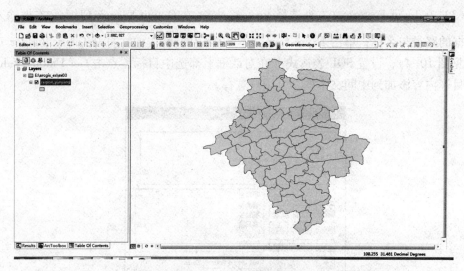

图 10-1　加载矢量数据

（2）打开 ArcToolbox，选择 Analysis Tools→Extract→Select 工具（见图 10-2），打开 Select 对话框（见图 10-3）。

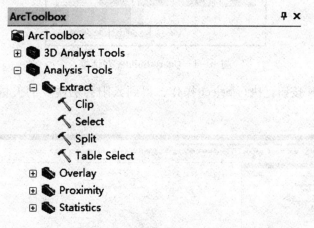

图 10-2　选择 Select 工具

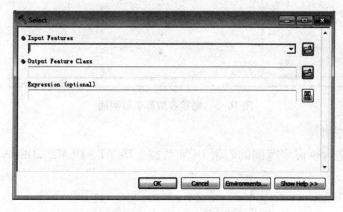

图 10-3　Select 对话框

157

（3）在 Input Feature 文本框选择 Vector. shp；在 Output Feature Class 文本框输入输出数据的路径与名称；单击 Expression 文本框旁边的 [⊞] 按钮，打开 Query Builder 对话框（见图 10-4），设置 SQL 表达式（在对话框上部选中目标，点击 Get Unique Values，可将目标内容添加到中间文本框，供用户选择）。

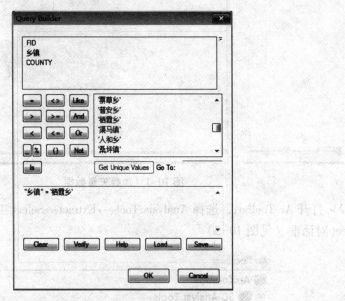

图 10-4　Query Builder 对话框

（4）单击 OK 按钮，执行 Select 操作，得到云阳县栖霞乡的矢量数据（见图 10-5）。

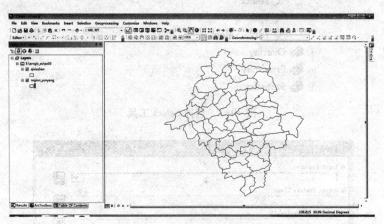

图 10-5　栖霞乡边界矢量数据

2. DEM 数据拼接

（1）加载包含栖霞乡范围的四幅 DEM 数据，DEM1、DEM2、DEM3 和 DEM4（见图 10-6）。

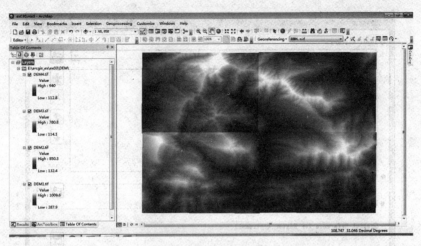

图 10-6　DEM 数据

（2）打开 ArcToolbox，选择 Data Management→Raster→Raster Dataset 工具集，双击 Mosaic To New Raster 工具（见图 10-7），打开 Mosaic To New Raster 对话框（见图 10-8）。

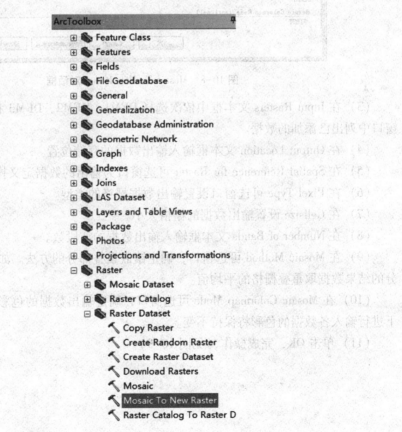

图 10-7　打开 Mosaic To New Raster 工具

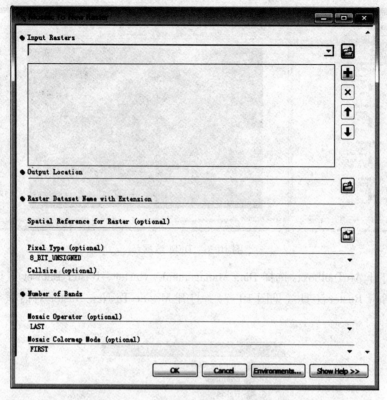

图 10-8　Mosaic To New Raster 对话框

（3）在 Input Rasters 文本框中依次选择 DEM1、DEM2、DEM3 和 DEM4，在下面的窗口中列出已添加的数据。

（4）在 Output Location 文本框输入输出数据的存储位置。

（5）在 Spatial Reference for Raster 可选窗口为输出的数据定义投影。

（6）在 Pixel Type 可选窗口设置输出数据栅格的类型。

（7）在 Cellsize 设置输出数据的栅格大小。

（8）在 Number of Bands 文本框输入输出数据的波段数。

（9）在 Mosaic Mothod 可选窗口，确定镶嵌重叠部分的方法。如 MEAN 表示重叠部分的结果数据取重叠栅格的平均值。

（10）在 Mosaic Colormap Mode 可选窗口，确定输出数据的色彩模式。在默认状态下进行输入各数据的色彩将保持不变。

（11）单击 OK，完成操作（见图 10-9）。

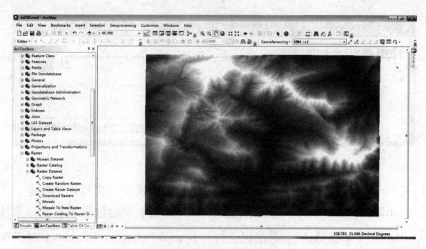

图 10-9　DEM 拼接结果

3. 为 DEM 定义投影

（1）打开 ArcToolbox，选择 Data Management Tools→Projections and Transformations，双击 Define Projection（见图 10-10），打开 Define Projection 对话框（见图 10-11）。

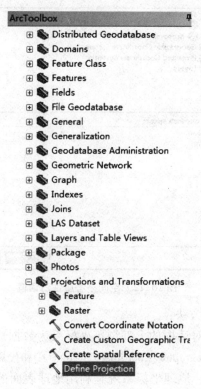

图 10-10　选择 Define Projection 工具

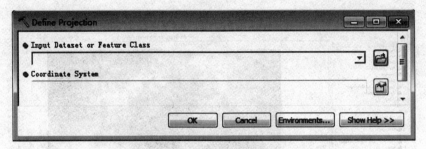

图 10-11　定义投影对话框

（2）在 Input Dataset or Feature Class 文本框中选择需要定义投影的数据。

（3）Coordinate System 文本框显示为 Unknown，表明原始数据没有坐标系统。单击 Coordinate System 文本框旁边的![icon]图标，打开 Spatial Reference Properties 对话框（见图 10-12），设置数据的投影参数。

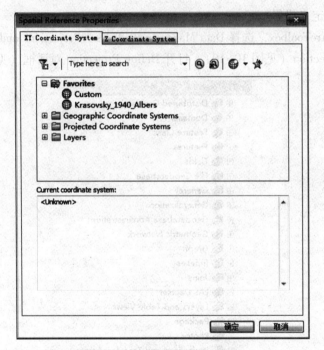

图 10-12　空间参考属性对话框

（4）定义投影有三种方法：

①可在空间参考属性对话框的上部浏览坐标系为数据选择坐标系统。其中坐标系统分为地理坐标系统（Geographic Coordinate Systems）和投影坐标系统（Projected Coordinate Systems）两种类型。地理坐标系统是利用地球表面的经纬度表示；投影坐标系统是将三维地球表面上的经纬度经过数学转换为二维平面上的坐标系统，在定义坐标系统之前，要了解数据的来源，以便选择合适的坐标系统。

②当已知原始数据与某一数据的投影相同时，可单击![icon]图标，选择 Import，浏览确定使用其坐标系统的数据，用该数据的投影信息来定义原始数据，因此两个数据

具有相同的投影信息。

③单击 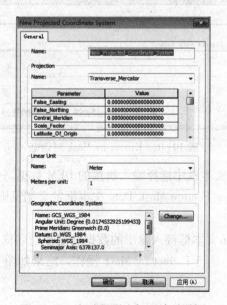 图标，选择 New，新建一个坐标系统。同样可以新建地理坐标系统和投影坐标系统两种坐标系统。打开 New Geographic Coordinate System 对话框（见图 10-13），定义地理坐标系统，包括定义或选择参考椭球体，测量单位和起算经线。打开 New Projected Coordinate System 对话框（见图 10-14），定义投影坐标系统，需要选择投影的类型、设置投影参数及选择测量单位。其中投影参数包括投影带的中央经线和坐标纵轴西移的距离等。

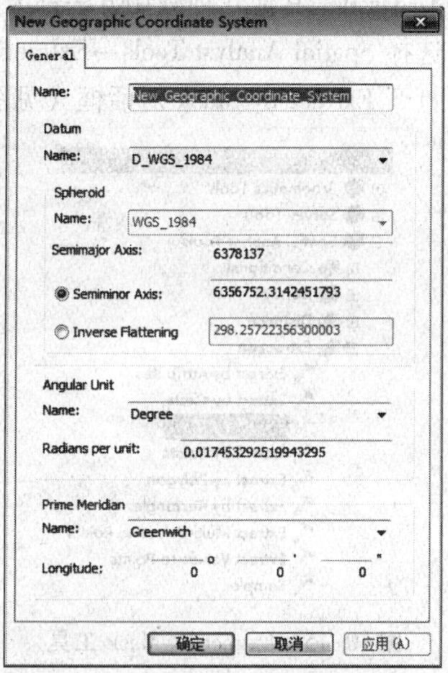

图 10-13　新建地理坐标系统对话框

图 10-14　新建投影坐标系统对话框

（5）定义投影后点击确定回到 Spatial Reference Properties 对话框，可在对话框下部 Current Coordinate System 查看当前坐标系统详细信息，单击 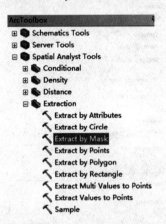 图标，选择 Clear 清除投影，重新定义。

（6）点击确定，返回 Define Projection 对话框，点击 OK。

4. 裁切 DEM

栅格数据的裁切有多种方法，例如用圆形、点、多边形、矩形以及用已存在的数据进行裁切，其中最常用的方法是利用已存在的栅格或矢量数据裁切栅格数据，本实验采用已存在的矢量数据裁切 DEM，其他几种裁切方法都大同小异。

（1）打开 ArcToolbox，选择 Spatial Analyst Tools→Extraction 工具集，双击 Extract by Mask 工具（见图 10-15），打开 Extract by Mask 对话框（见图 10-16）。

图 10-15　Extract by Mask 工具

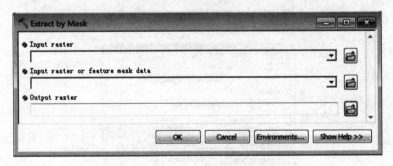

图 10-16　Extract by Mask 对话框

（2）在 Input Raster 文本框中选择输入拼接的 DEM 数据。

（3）在 Input Raster or Feature Mask Data 文本框定义浏览确定由 Vector. shp 提取的矢量数据。

（4）在 Output Raster 文本框键入输出的数据的路径与名称。

（5）单击 OK 按钮，执行 Extract by Mask 操作，结果如图 10-17 所示。

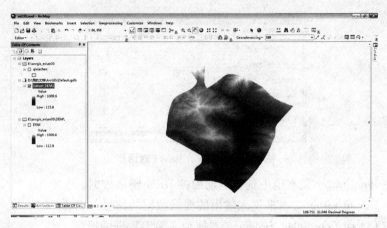

图 10-17　DEM 裁切结果

5. 投影变换

（1）打开 ArcToolbox，选择 Data Management Tools→ Projections and Transformations → Raster，双击 Project Raster 工具（见图 10-18），打开 Project Raster 对话框（见图 10 -19）。

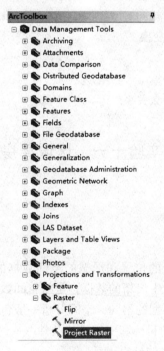

图 10-18　Project Raster 工具

图 10-19　Project Raster 对话框

（2）在 Input raster 文本框中选择裁切后的 DEM 栅格数据。

（3）在 Output raster 文本框键入输出的栅格数据的路径与名称。

（4）在 Output Coordinate System 文本框定义输出数据的投影。

（5）变换栅格数据的投影类型需要对数据进行重采样。在 Resampling technique 下可以选择栅格数据在新的投影类型下的重采样方式，默认状态是 NEAREST，即最临近采样法。

（6）在 Output Cell Size 文本框设置输出数据的栅格大小，默认状态下输出的数据栅格大小与原数据相同，还可以直接设定栅格的大小，或浏览确定某一栅格数据，输出数据的栅格大小则与该数据相同。

（7）点击 OK，执行投影变换。

四、问题思考

地图坐标和投影坐标有什么关系？

实验十一　区域择房

一、基础知识

（一）空间分析

空间分析是基于地理对象的位置和形态的空间数据的分析技术，其目的在于提取空间信息或者从现有的数据派生出新的数据，是将空间数据变为信息的过程。

根据要进行的空间分析类型的不同，空间分析一般包括以下基本步骤：

1. 确定问题并建立分析的目标和要满足的条件。

2. 针对空间问题选择合适的分析工具。

3. 准备空间操作中要用到的数据。

4. 制订分析计划并执行。

5. 显示并评价分析结果。

（二）矢量数据空间分析

矢量数据的空间分析的处理方法具有多样性与复杂性，最为常见的矢量数据分析类型有包含分析、缓冲区分析、多边形叠置分析、网络分析、泰森多边形分析和数据的量算。

包含分析：确定要素之间是否存在着直接的联系，实现图形、属性对位检索的基本分析方法。利用包含分析方法可以解决地图的自动分色、地图内容从面向点的制图综合、面状数据从矢量向栅格格式的转换以及区域内容的自动计数等。

缓冲区分析：根据数据库的点、线、面实体，自动建立其周围一定宽度范围内的缓冲区域多边形实体，从而实现空间数据在水平方向得以扩展的信息分析方法，是地理信息系统重要的和基本的空间操作功能之一。

多边形叠置分析：同一地区、同一比例尺的两组或两组以上的多边形要素的数据文件进行叠置。通过区域多重属性的模拟，寻找和确定同时具有几种地理属性的分布区域，按照确定的地理指标，对叠置后产生的具有不同属性的多边形进行重新分类或分级；或者是计算一种要素在另一种要素的某个区域多边形范围内的分布状况和数量特征，提取某个区域范围内某种专题内容的数据。

网络分析：建立网络路径的拓扑关系和路径信息属性数据库，在知道路径在网络中如何分布和经过每一段路径需要的成本值的基础上进行选择最佳路径、设施以及进行网络流等分析。

数据的量算：主要是关于几何形态量算，对于点、线、面、体 4 类目标物而言，其含义是不同的。点状对象的量算主要指对其位置信息的量算，例如坐标；线状对象的量算包括其长度、方向、曲率、中点等方面的内容；面状对象的量算包括其面积、周长、重心等；体状对象的量算包括表面积、体积的量算等。

二、实验目的和要求

了解空间分析涉及的一般步骤以及矢量数据空间分析的原理；掌握基本的空间分析操作，为求解更复杂的实际问题打下基础。

选择的区域要求噪声要小；距离商业中心和学校要近；为了休闲，距离公园要近。综合上述条件，给定一个定量的限定：

（1）离区域主干道 50 米之外。

（2）以商业中心的大小来确定影响区域。

（3）距离学校 200 米之内。

（4）距离公园 200 米之内。

数据包含了某区域交通图（road. shp）、商业中心分布图（market. shp）、区域学校分布图（school. shp）和公园分布图（park. shp），存放于本书数字资源包（…ex11 \ Data）。

三、实验步骤

打开 ArcMap，新建地图文档，加载交通图（road. shp）、商业中心分布图（market. shp）、区域学校分布图（school. shp）和公园分布图（park. shp）。

1. 主干道缓冲区建立

（1）在主菜单上选择 Customize → Customize Mode 命令（见图 11-1），打开 Customize 对话框，选择 Commands→Categories→Tools→Buffer Wizard（见图 11-2），将 Buffer Wizard 图标 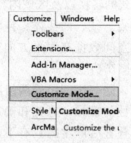 拖动到工具栏空处。

图 11-1　Customize Mode 命令

图 11-2　Customize 对话框

（2）利用选择工具 ，选择要进行缓冲分析的要素（按住 Shift 键可多选），点击 ，打开 Buffer Wizard 对话框。选择 road. shp 矢量数据，其中有选择要素时勾选 Use only the selected feature，单击下一步（见图 11-3）。

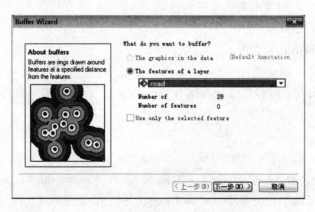

图 11-3　Buffer Wizard 对话框（选择缓冲分析文件）

（3）有三种不同的方式选择建立不同种类的缓冲区：At a specified distance 是以一个给定的距离建力缓冲区（普通缓冲区）；Based on a distance from an attibut 是以分析对象的属性值作为距离建立缓冲区（属性权值缓冲区，各要素的缓冲区大小不一样）；As multiple buffer rings 是建立一个给定环个数和间距的分级缓冲区（分级缓冲区）。此处给定主干道距离，设置为普通缓冲区，单击下一步（见图 11-4）。

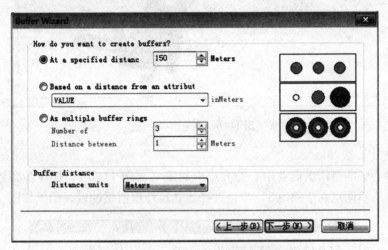

图 11-4　Buffer Wizard 对话框（选择缓冲种类）

（4）Buffer output type：选择是否将相交的缓冲区融合；Creat buffers so they are：选择对多边形的内缓冲或外缓冲；Where do you want the buffers to be saved?：对生成文件的选择。根据需要设置参数，单击完成（见图 11-5），结果如图 11-6。

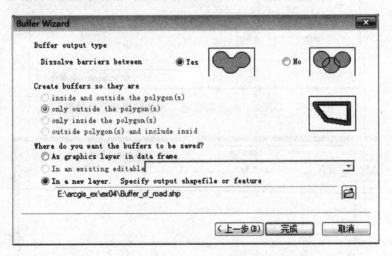

图 11-5　Buffer Wizard 对话框（缓冲区存放选择）

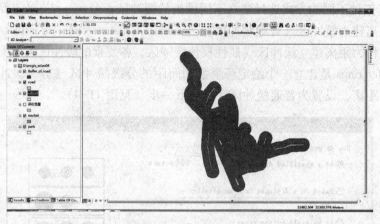

图 11-6 主干道缓冲区

2. 商业中心缓冲区建立

商业中心影响范围由商业中心的大小来确定（见图 11-7），操作步骤同主干道缓冲区的建立，不同点在于第（3）步是选择建立属性权值缓冲区，结果如图 11-8。

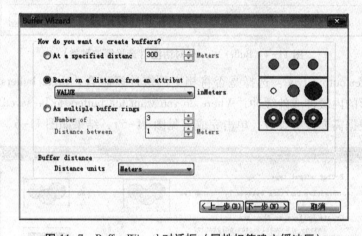

图 11-7 Buffer Wizard 对话框（属性权值建立缓冲区）

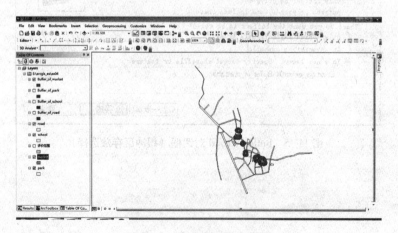

图 11-8 商业中心影响范围

3. 公园和学校缓冲区建立

根据以上步骤和要求建立公园和学校的影响范围，结果如图 11-9 和 11-10。

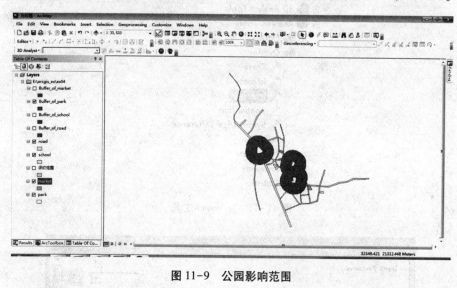

图 11-9　公园影响范围

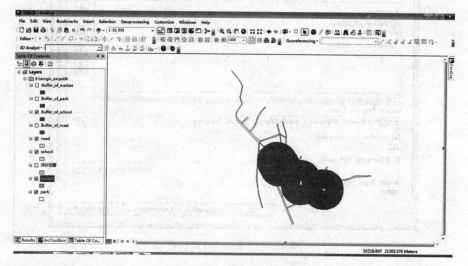

图 11-10　学校影响范围

4. 叠加分析

（1）对商业中心、学校和公园的影响范围三个缓冲区图层进行叠加分析的交集操作，可将同时满足三个条件的区域求出。打开 ArcToolbox，选择 Analysis Tools→Overlay 工具集，双击 Intersect 工具（见图 11-11），打开 Intersect 对话框（见图 11-12）。

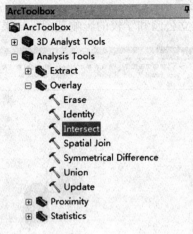

图 11-11　Intersect 工具

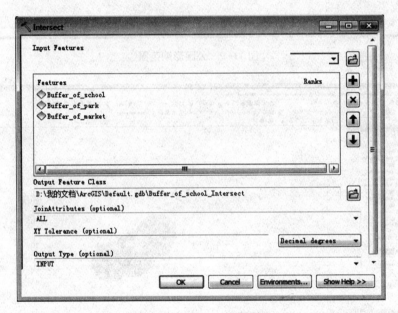

图 11-12　Intersect 对话框

（2）在 Input feature 中添加商业中心、公园和学校的缓冲区文件；在 Output Feature Class 设置输出文件名称和路径；在 JoinAttributes 选择全部字段；Output Tpye 为输入类型，单击 OK，结果如图 11-13 所示。

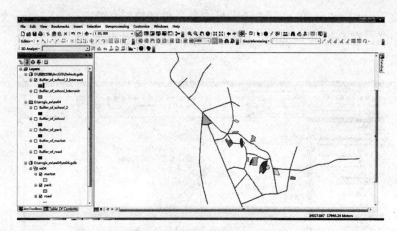

图 11-13　满足三个条件的区域

（3）利用主干道缓冲区对获得的满足三个条件的区域进行擦除，从而获得同时满足四个条件的区域。打开 ArcToolbox，选择 Analysis Tools→Overlay 工具集，双击 Erase 工具（见图 11-14），打开 Erase 对话框（见图 11-15）。

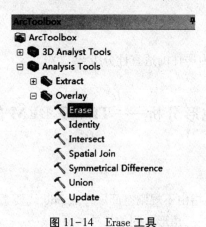

图 11-14　Erase 工具

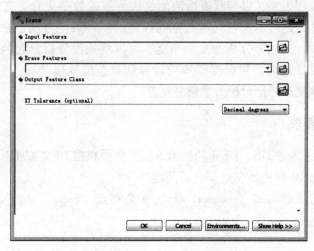

图 11-15　Erase 对话框

（4）在 Input Feature 文本框选择满足三个条件的区域；在 Erase Feature 文本框选择主干道缓冲区；在 Output Feature Class 设置输出文件名称和路径，单击 OK，结果如图 11-16。

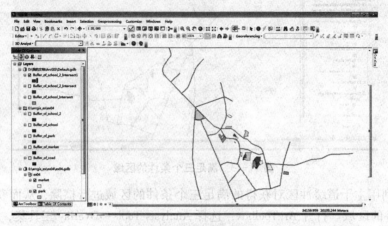

图 11-16　最佳选择区域

四、问题思考

区域叠加合并后怎样为居住的适宜性分级？

实验十二　地形分析——TIN 及 DEM 的生成及应用

一、基础知识

TIN：不规则三角网。指由不规则空间取样点和断线要素得到的一个对表面的近似表示，包括点和与其相邻的三角形之间的拓扑关系。

DEM：数字高程模型，以高程表达地面起伏形态的数字集合。它是对地形地貌一种离散的数字表达，是对地面特性进行空间描述的一种数字方法、途径，它的应用可遍及整个地学领域。从地形分析的复杂角度，可以将地形分析分为两大部分：基于地形因子（包括坡度、坡向、粗糙度等）的计算和复杂的地形分析（包括可视性分析、地形特征提取、水文系特征分析、道路分析等）。

二、实验目的和要求

掌握 ArcGIS 中建立 TIN、DEM 的技术方法；掌握根据 DEM 或 TIN 计算坡度、坡向的方法，并应用 DEM 解决地学空间分析问题。

数据包括某区域等高线（contour. shp）和高程点（elevpt. shp）矢量数据，存放于本书数字资源包（···ex12 \ Data）

三、实验步骤

1. TIN 及 DEM 生成

（1）打开 ArcMap，新建地图文档，加载高程点（elevpt. shp）和等高线（contour. shp）矢量数据（见图 12-1）。

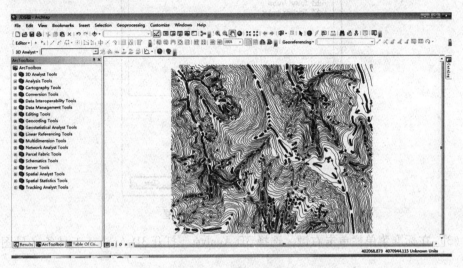

图 12-1　加载矢量数据

（2）单击主菜单 Customize，选择 Extensions（见图 12-2），打开 Extensions 对话框（见图 12-3），勾选 3D Analyst 选项，单击 Close，激活扩展模块的 3D Analyst 功能。

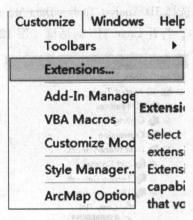

图 12-2　打开 Extensions 对话框

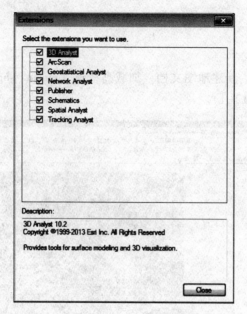

图 12-3　Extensions 对话框

（3）在标准菜单栏单击右键，选择 3D Analyst，打开 3D Analyst 工具条（见图 12-4）。

图 12-4　3D Analyst 工具条

（4）打开 ArcToolbox，选择 3D Analyst Tools→Data Management→TIN 工具集，双击 Creat TIN 工具（见图 12-5），打开 Creat TIN 对话框（图 12-6）。

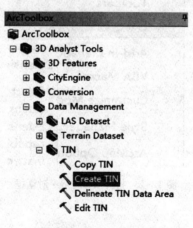

图 12-5　Creat TIN 工具

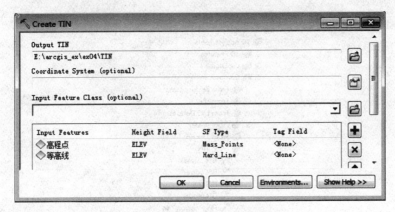

图 12-6 Creat TIN 对话框

（5）在 Output TIN 中确定生成文件的名称及其路径；在 Coordinate System 定义输出 TIN 的坐标系；在 Input Feature Class 里选择输入的矢量数据，并对每个要素设置相应的属性以定义表面，结果如图 12-7。

①Input Feature：要素名称。

②Height Field：选择具有高程值的字段。

③SF Type：选择要素以何种类型参加 TIN，包括离散多点、隔断线或多边形。

④Tag Field：标签字段，如果使用该字段，则面的边界将被强化为隔断线，且这些面内部的三角形会将标签值作为属性，如果不使用标签值则指定为<None>。

⑤Constrained Delaunay（optional）：如果不选择该项，三角测量将完全遵循 Delaunay 规则，即隔断线将由软件进行增密，导致一条输入隔断线线段将形成多条三角形边；如果选择该项，Delaunay 三角测量将被约束，不会对隔断线进行增密，并且每条隔断线线段都作为一条单边添加。

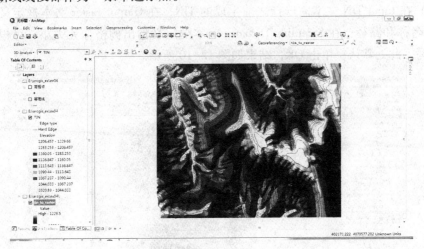

图 12-7 由高程点和等高线生成的 TIN

（6）打开 ArcToolbox，选择 Spatial Analyst Tools→Conversion→From TIN 工具集，双击 TIN to Raster 工具（见图 12-8），打开 TIN to Raster 对话框（见图 12-9）。

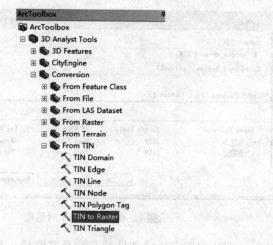

图 12-8　TIN to Raster 工具

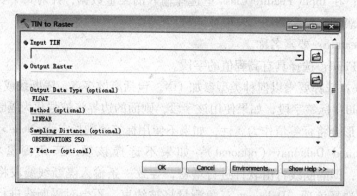

图 12-9　TIN to Raster 对话框

（7）在 Input TIN 文本框选择之前生成的 TIN，在 Output raster 文本框定义输出的 DEM 的名称和路径；在 Sampling Distance 文本框定义输出栅格像元大小，可根据实际需要填写，此处默认；单击 OK，结果如图 12-10 所示。

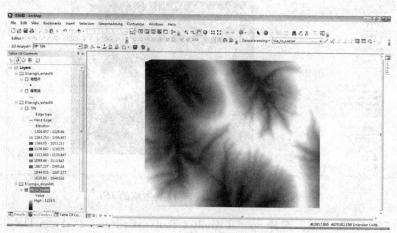

图 12-10　由 TIN 生成的 DEM

2. DEM 应用

（1）坡度（Slope）

①新建地图文档，加载 DEM 数据，激活 3D Analyst 扩展模块。

②打开 ArcToolbox，选择 Spatial Analyst Tools→Surface 工具集，双击 Slope 工具（见图 12-11），打开 Slope 对话框（见图 12-12）。

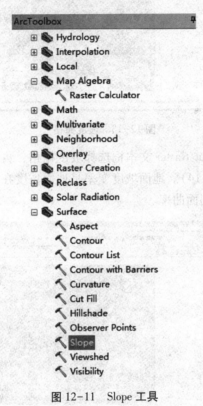

图 12-11 Slope 工具

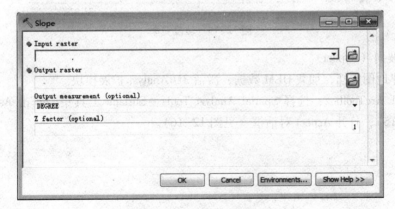

图 12-12 Slope 对话框

③在 Input Raster 文本框选择 DEM 数据；在 Output 文本框定义输出坡度栅格的名称和路径；在 Output measurement 文本框选择数据输出度量；单击 OK，结果如图 12-13 所示。

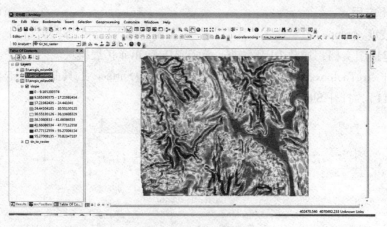

图 12-13　坡度栅格

④重复第②步，在 Input Raster 文本框选择坡度栅格，再提取坡度，得到坡度变率数据，记为 SOS（见图 12-14）。地面坡度变率是地面坡度在微分空间的变化率，在一定程度上可以很好地反映剖面曲率。

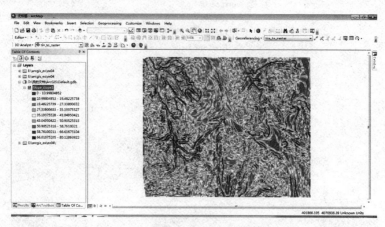

图 12-14　坡度变率

（2）坡向（Aspect）

①新建地图文档，加载 DEM 数据，激活 3D Analyst 扩展模块。

②打开 ArcToolbox，选择 Spatial Analyst Tools→Surface 工具集，双击 Aspect 工具（见图 12-15），打开 Aspect 对话框（见图 12-16）。

图 12-15　Aspect 工具

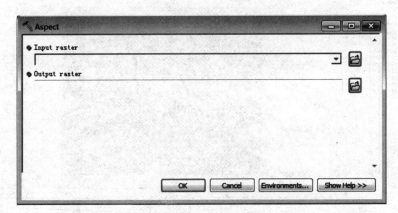

图 12-16　Aspect 对话框

③在 Input raster 文本框选择 DEM 数据；在 Output raster 文本框定义输出坡度栅格的名称和路径；单击 OK，结果如图 12-17 所示。

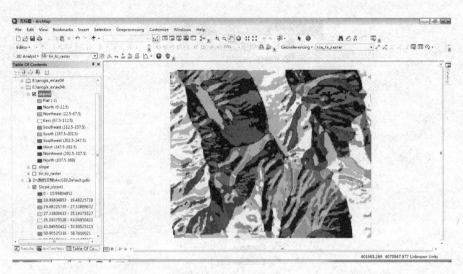

图 12-17　坡度栅格

④重复第②步，在 Input raster 文本框选择坡向栅格，再次提取坡度，得到坡向变率，记为 SOA（见图 12-18）。地面坡向变率是指在提取坡向基础上，提取坡向的变化率，可以很好地反映等高线的弯曲程度。

图 12-18　坡向变率

⑤上一步得到的坡向变率在北面坡产生误差，所以要对其进行修正。

打开 ArcToolbox，选择 Spatial Analyst Tools→Map Algebra 工具集，双击 Raster Caculator 工具（见图 12-19），打开 Raster Caculator 对话框（见图 12-20）。

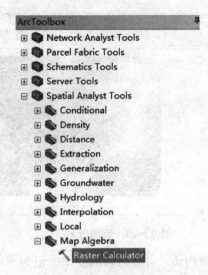

图 12-19　Raster Caculator 工具

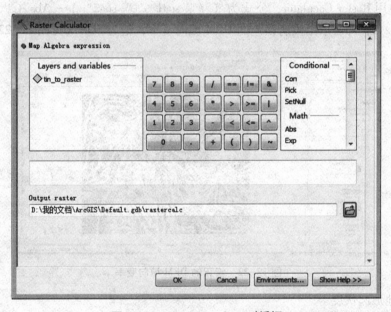

图 12-20　Raster Caculator 对话框

输入公式（H-DEM），H 为原始 DEM 数据的最大高程值，得到与原来地形相反的 DEM 数据（见图 12-21）。

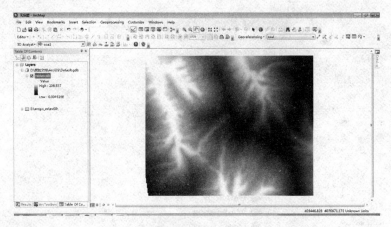

图 12-21　反地形 DEM

　　基于反地形 DEM 提取坡向值，并提取坡向变率，记为 SOA2；由原始 DEM 得出的坡向变率记为 SOA1。

　　再次使用 Raster Caculator，公式为（（"soa1"+"soa2"）－Abs（"soa1"－"soa2"））／2，即可求出没有误差的 DEM 坡向变率，记为 SOA（见图 12-22）。

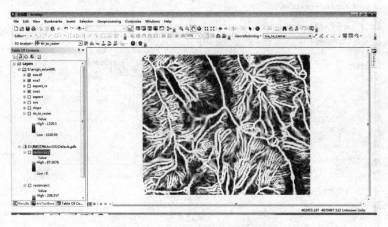

图 12-22　修正的 DEM 坡向变率

（3）地形起伏度

　　地形起伏度是指特定的区域内，最高点海拔与最低点海拔的差值，是描述一个区域地形特征的宏观性指标。

　　①加载 DEM 数据，打开 ArcToolbox，选择 Spatial Analyst Tools→Neighborhood 工具集，双击 Focal Statistics 工具（见图 12-23），打开 Focal Statistics 对话框（见图 12-24）。

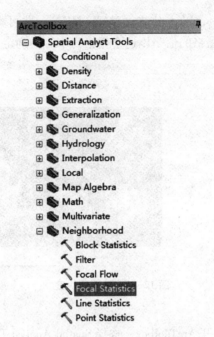

图 12-23 Focal Statistics 工具

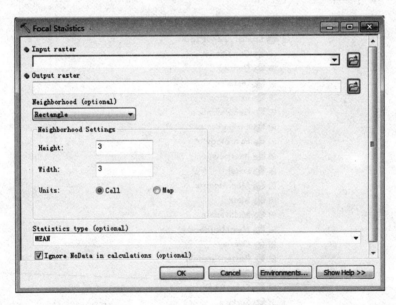

图 12-24 Focal Statistics 对话框

②在 Input raster 文本框选择 DEM 栅格数据；在 Output raster 文本框设置输出数据的名称和路径；Neighborhood 的设置可以为圆、矩形、环、楔形等，Neighborhood 的大小可以根据自己的要求来确定；这里将 Statistics type 设置为 MAXMUM，则可得到 DEM 的最大值层面，记为 MAX。

③重复上一步，将 Statistics type 设置为 MINMUM，则得到 DEM 的最小值层面，记为 MIN。

④打开 Raster Caculator，输入公式（MAX-MIN），即可得到 DEM 的地形起伏度（见图 12-25），其中每个栅格的值是以这个栅格为中心的确定邻域的地形起伏值。

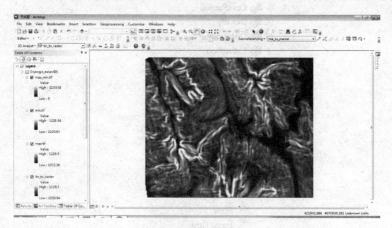

图 12-25　地形起伏度

（4）提取山顶点

①加载 DEM 数据，打开 ArcToolbox，选择 Spatial Analyst Tools→Surface 工具集，双击 Contour 工具（见图 12-26），打开 Contour 对话框（见图 12-27）。

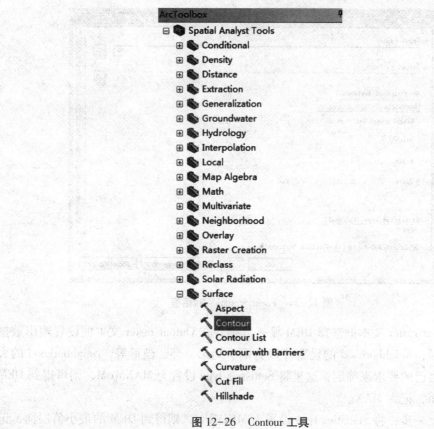

图 12-26　Contour 工具

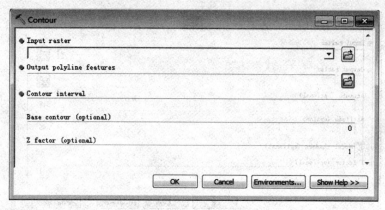

图 12-27　Contour 对话框

②在 Input raster 文本框选择输入的 DEM 数据；在 Output polyline feature 文本框设置输出等高线的名称和路径；在 Contour interval 文本框输入等高距为 15m，单击 OK。

③重复第②步，将等高距设置为 75m。

④打开 ArcToolbox，选择 Spatial Analyst Tools→Surface 工具集，双击 Hillshade 工具（见图 12-28），打开 Hillshade 对话框（见图 12-29），选择输入数据和设置输出数据的名称和路径，提取山体阴影，结果如图 12-30 所示。

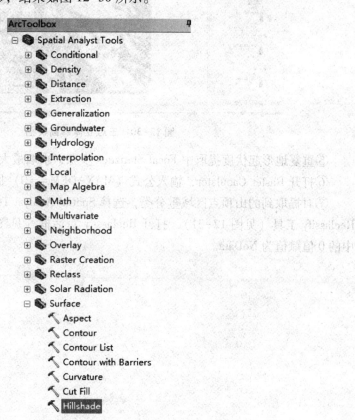

图 12-28　Hillshade 工具

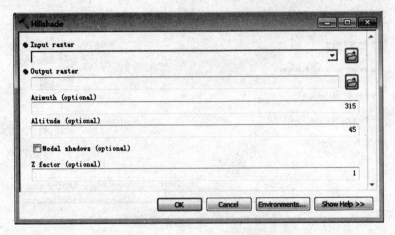

图 12-29 Hillshade 对话框

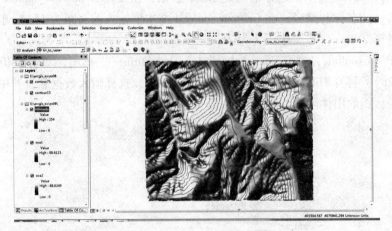

图 12-30   三维立体等高线图

⑤重复地形起伏度提取中 Focal Statistics 步骤，求取最大值。

⑥打开 Raster Caculator，输入公式（MAX-DEM==0）提取山顶点区域。

⑦对提取到的山顶点区域重分类，选择 Spatial Analyst Tools→Reclass 工具集，双击 Reclassify 工具（见图 12-31），打开 Reclassify 对话框（见图 12-32），将 VALUE 字段中的 0 值赋值为 NoData。

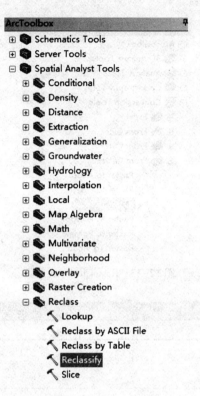

图 12-31 Reclassify 工具

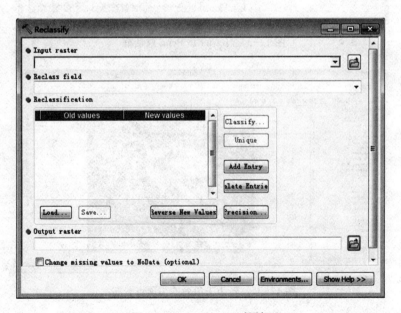

图 12-32 Reclassify 对话框

⑧选择 Conversion Tools→From Raster 工具集，双击 Raster to Point 工具（见图 12-33），打开 Raster to Point 对话框（见图 12-34），将重分类过后的山顶点转为矢量点，结果如图 12-35 所示。

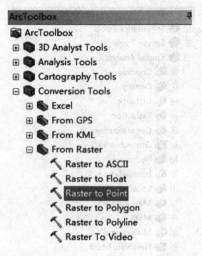

图 12-33 Raster to Point 工具

图 12-34 Raster to Point 对话框

图 12-35 转为矢量后的山顶点分布

⑨转为矢量后的山顶点较多，是受 Focal Statistics 中设置分析窗口的大小影响，窗口越大提取的点越少，但是窗口过大将会漏掉一些重要的山顶点。对提取的结果可以通过人工判断删除一些局部的点。

四、问题思考

利用 DEM 还可以得到哪些地形数据？

实验十三 土地经济评价

一、基础知识

栅格数据由于其自身数据结构的特点，在数据处理与分析中具有自动分析处理较为简单，分析处理模式化很强的特征。一般来说，栅格数据的主要分析处理方法有聚类聚合分析、多层面复合分析、追踪分析、窗口分析、统计分析、量算等几种基本的分析模式。

聚类聚合分析：将一个单一层面的栅格数据系统经某种变换得到一个新含义的栅格数据系统的数据处理过程。栅格数据的聚类是根据设定的聚类条件对原有数据系统进行有选择的信息提取而建立新的栅格数据系统的方法；栅格数据的聚合分析是指根据空间分辨力和分类表，进行数据类型的合并或转换以实现空间地域的兼并。

多层面复合分析：利用同地区多层面空间信息的自动复合叠置分析可以实现不同波段遥感信息的自动合成处理，还可以进行某类现象动态变化的分析和预测。

追踪分析：对于特定的栅格数据系统，由某一个或多个起点，按照一定的追踪线索进行追踪目标或者追踪轨迹信息提取的空间分析方法。追踪分析法在扫描图件的矢量化、利用 DEM 自动提取等高线、污染源的追踪分析等方面都有十分重要的作用。

窗口分析：对于栅格数据系统中的一个、多个栅格点或全部数据，开辟一个有固定分析半径的分析窗口，并在该窗口内进行诸如极值、均值等一系列统计计算，或与其他层面的信息进行必要的复合分析，从而实现栅格数据有效的水平方向扩展分析。

按照分析窗口的形状，可以将分析窗口划分为以下类型：

矩形窗口：以目标栅格为中心，分别向周围八个方向扩展一层或多层栅格。

圆形窗口：以目标栅格为中心，向周围做等距离搜索区，构成圆形分析窗口。

环形窗口：以目标栅格为中心，按指定的内外半径构成环形分析窗口。

扇形窗口：以目标栅格为起点，按指定的起始与终止角度构成扇形分析窗口。

统计分析与量算：了解数据分布的趋势或者通过趋势拟合出某些空间属性之间的关系，以把握空间属性之间的关系和规律。

二、实验目的和要求

了解栅格数据空间分析的原理和方法，掌握栅格数据分析的基本操作。

评价因子及权重：公交便捷度（0.15）、商服中心（0.25）、小学（0.1）、中学（0.15）、幼儿园（0.05）、文化设施（0.1）、医疗设施（0.2）。

数据包含了某区域文化设施（culture. shp）、医疗设施（hospital. shp）、幼儿园

（kindergarten. shp）、商 服 区 （market. shp）、中 学 （Middleschool. shp）、小 学
（primary. shp）和公交车站（station. shp）矢量数据，存放于本书数字资源包（…ex13
\ Data）。

三、实验步骤

1. 运行 ArcMap，打开地图文档，加载文化设施（culture. shp）、医疗设施
（hospital. shp）、幼儿园（kindergarten. shp）、商 服 区（market. shp）、中 学（Middle-
school. shp）、小学（primary. shp）和公交车站（station. shp）矢量数据。

2. 数据栅格化

打开 ArcToolbox，选择 Conversion→To Raster→Feature to Raster 工具，将所有评价
因子矢量数据栅格化。

3. 设置空间分析环境

（1）在 ArcToolbox 空白处单击右键，选择 Environments，打开 Environment Settings
对话框。

（2）展开 Processing Extent，在 Extent 下拉框中选择 Same as layer fw；展开 Raster
Analysis，在 Cell Size 下拉框中选择"Same as layer fw"。

4. 提取评价因子直线距离

（1）打开 ArcToolbox，选择 Spatial Analyst Tools→Distance 工具集，双击 Euclidean
Distance 工具（见图 13-1），打开 Euclidean Distance 对话框（见图 13-2）。

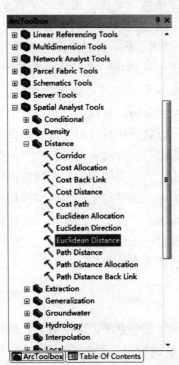

图 13-1　Euclidean Distance 工具

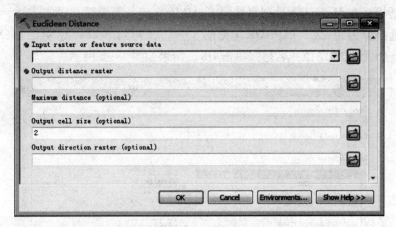

图 13-2　Euclidean Distance 对话框

（2）在 Input raster or feature source data 文本框下拉列表选择分析的数据；在 Output distance raster 文本框设置数据的输出路径和名称，单击 OK。

5. 重分类数据

（1）打开 ArcToolbox，选择 Spatial Analyst Tools→Reclass 工具集，双击 Reclassify 工具（见图 13-3），打开 Reclassify 对话框（见图 13-4）。

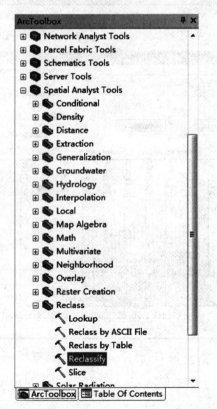

图 13-3　Reclassify 工具

（2）在 Input raster 文本框选择进行重分类的数据；单击 Classify 按钮，打开 Classification 对话框，在 Method 下拉列表选择 Equal Interval（等间距）分类方法，在 Classes 下拉列表选择分为 10 级，单击 OK（见图 13-5），回到 Reclassify 对话框；在 Output raster 设置输出数据的路径和名称，单击 OK，结果如图 13-6 所示。

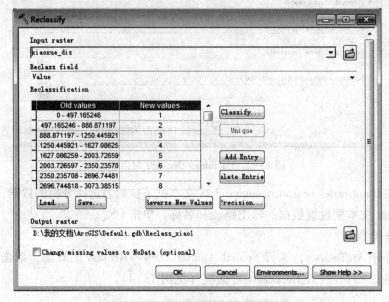

图 13-4　Reclassify 对话框

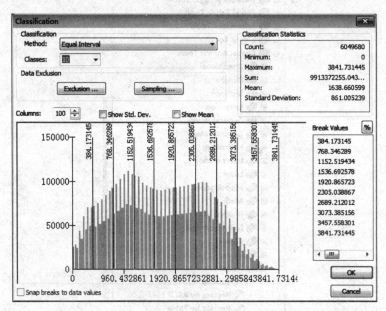

图 13-5　classification 对话框

图 13-6 中学直线距离重分类数据

6. 土地经济评价

数据重分类后，各个数据都统一到相同的等级体系类，且每一个数据中那些被认为比较适宜的属性都被赋以比较高的值，然后根据权重合并数据。

（1）打开 ArcToolbox，选择 Spatial Analyst Tools→Map Algebra 工具集，双击 Raster Caculator 工具，打开 Raster Caculator 对话框。

（2）在 Raster Caculator 中输入公式（公交便捷度 * 0.15+商服中心 * 0.25+小学 * 0.1+中学 * 0.15+幼儿园 * 0.05+文化设施 * 0.1+医疗设施 * 0.2），设置输出路径和名称，结果如图 13-7 所示。

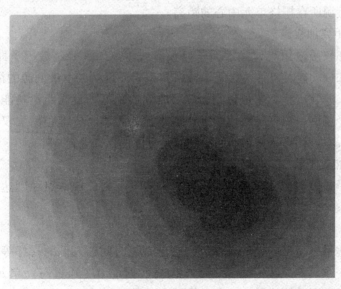

图 13-7 土地经济评价成图（颜色越深代表适宜性越高）

四、问题思考

思考矢量数据和栅格数据的区别，在实际问题中合理选择数据类别。

实验十四　最佳路径

一、基础知识

距离制图，即根据每一栅格相距其最邻近要素（也称为"源"）的距离来进行分析制图，从而反映出每一栅格与其最邻近源的相互关系。通过距离制图可以获得很多相关信息，指导人们进行资源的合理规划和利用。

ArcGIS 中的距离制图包括了四个部分：直线距离函数（Straight Line）、分配函数（Allocation）、成本距离加权函数（Cost Weighted）、最短路径函数（Shortest Path），可以很好地实现常用的距离制图分析，在 ArcGIS 中，距离制图分析主要通过距离制图函数完成。

1. 源

源即距离分析中的目标或目的地，如学校、商场、水井、道路等。在空间分析中，用来参与计算的源一般为栅格数据，源所处的栅格赋予源的相应值，其他栅格没有值。如果源是矢量数据则需要先转成栅格数据。

2. 距离制图函数

（1）直线距离函数

直线距离函数用于量测每一栅格单元到最近源的直线距离。它表示的是每一栅格单元中心到最近源所在栅格单元中心的距离。

（2）成本距离加权函数

成本距离加权函数用其他函数因子修正直线距离，这些函数因子即为单元成本。通过成本距离加权功能可以计算出每个栅格到距离最近、成本最低源的最少累加成本。这里成本的意义非常广泛，它可以是金钱、时间或偏好。直线距离功能就是成本距离加权功能的一个特例，在直线距离功能中成本就是距离。成本距离加权依据每个格网点到最近源的成本，计算从每个格网点到其最近源的累加通行成本。

（3）距离加权函数

距离方向函数表示了从每一单元出发，沿着最低累计成本路径到达最近源的路线方向。

（4）成本

成本即到达目标、目的地的花费，包括金钱、时间、人们的喜好等。影响成本的因素可以只有一个，也可以有多个。成本栅格数据记录了通过每一单元的通行成本，成本分配加权函数通过计算累加成本来寻找最近源。

成本数据的获取一般是基于重分类功能来实现的通行成本的计算。一般将通行成本按其大小分类,再对每一类别赋予一定的量值,成本高的量值小,成本低的量值大。成本数据是一个单独的数据,但有时会遇到需要考虑多个成本的情况,如需要考虑时间和空间通达性两种成本,此时需要对各自分类好的时间和空间通达性两种成本,根据影响百分比对其数据集赋权重,让它们分别乘以各自百分比然后相加,就生成了成本栅格数据。

二、实验目的和要求

加深对栅格数据分析基本原理、方法的认识;掌握空间分析的操作方法,掌握空间分析方法解决地学问题。

数据包含了原始 DEM 栅格数据,路径源点(spot. shp)、路径终点(epot. shp)矢量数据,存放于本书数字资源包(…ex14\Data)。

三、实验步骤

(1)运行 ArcMap,打开地图文档,加载原始 DEM 数据。

(2)在 ArcToolbox 空白处单击右键,选择 Environments(见图 14-1),打开 Environment Settings 对话框。展开 Processing Extent,在 Extent 下拉框中选择 Same as layer dem(见图 14-2);展开 Raster Analysis,在 Cell Size 下拉框中选择"Same as layer dem"(见图 14-3)。

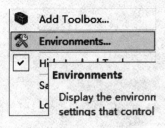

图 14-1 选择 Environments

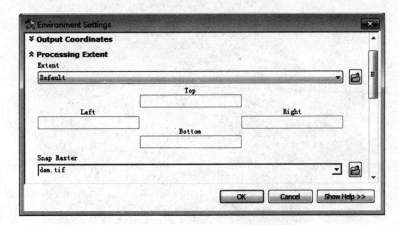

图 14-2 Environment Settings 对话框 1

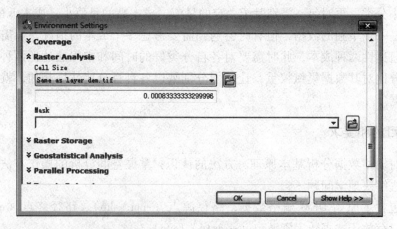

图 14-3　Environment Settings 对话框 2

（3）参照实验五，提取 DEM 坡度和起伏度。

（4）参照实验六，选择 Spatial Analyst Tools→Reclass→Reclassify 工具，对坡度、起伏度和河流进行重分类，采用等间距分为 10 级，结果见图 14-4、图 14-5 和图 14-6。

图 14-4　坡度重分类

图 14-5　起伏度重分类

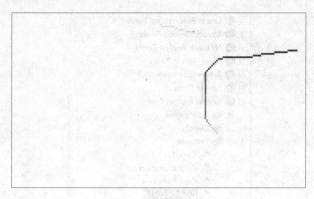

图 14-6　流域重分类

（5）选择 Spatial Analyst Tools→Map Algebra 工具集，双击 Raster Caculator 工具，打开 Raster Caculator 对话框。

按照公式：流域重分类+坡度重分类 * 0.6+起伏度重分类 * 0.4 计算成本数据，结果如图 14-7 所示。

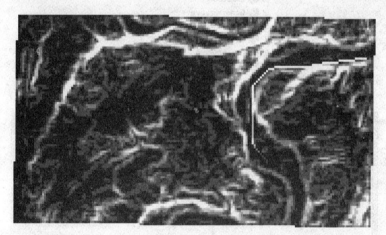

图 14-7　成本数据

（6）选择 Spatial Analyst Tools→Distance 工具集，双击 Cost Distance 工具（见图 14-8），打开 Cost Distance 对话框（见图 14-9）。

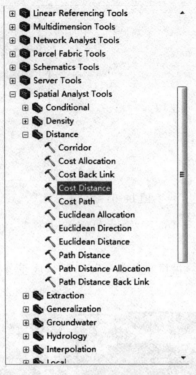

图 14-8　Cost Distance 工具

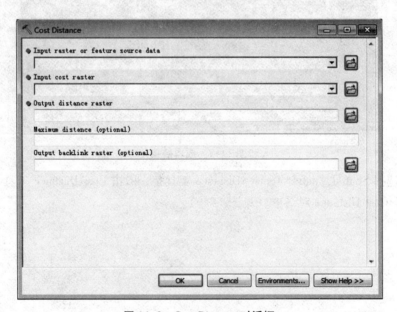

图 14-9　Cost Distance 对话框

（7）在 Input raster or feature source data 文本框选择源点文件（spot. shp）；在 Input cost raster 文本框选择加权合并的成本数据，结果如图 14-10 所示；在 Output distance raster 设置输出数据的路径和名称；在 Output backlink raster 文本框设置输出回溯链接数据图的路径和名称，单击 OK，结果如图 14-11 所示。

图 14-10　成本距离

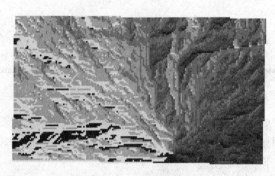

图 14-11　回溯链接图

（8）选择 Spatial Analyst Tools→Distance 工具集，双击 Cost Path 工具（见图 14-12），打开 Cost Path 对话框（见图 14-13）。

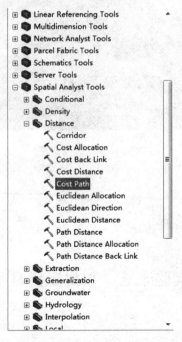

图 14-12　Cost Path 工具

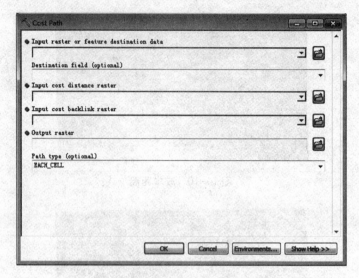

图 14-13　Cost Path 对话框

（9）在 Input raster or feature destination data 文本框选择终点文件（epot. shp）；在 Input cost distance raster 文本框选择成本距离；在 Output raster 文本框设置输出数据的路径和名称，结果如图 14-14 所示。

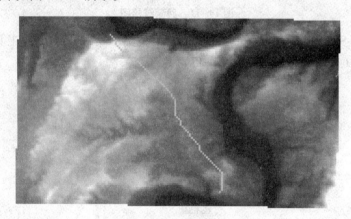

图 14-14　最佳路径

四、问题思考

本实验每一步骤的实验原理是什么？

实验十五　数据三维显示

一、基础知识

ArcGIS 具有一个能为三维可视化、三维分析以及表面生成提供高级分析功能的扩展模块 3D Analyst，可以用它来创建动态三维模型和交互式地图，从而更好地实现地理数据的可视化和分析处理。利用三维分析扩展模块可以进行三维视线分析和创建表面模型（如 TIN）。任何 ArcGIS 的标准数据格式，不论二维数据还是三维数据都可通过属性值以三维形式来显示。ArcScene 是 ArcGIS 三维分析模块 3D Analyst 所提供的一个三维场景工具，它可以更加高效地管理三维 GIS 数据、进行三维分析、创建三维要素以及建立具有三维场景属性的图层。ArcScene 包含的功能有浏览三维数据、创建表面、进行表面分析、三维飞行模拟。

二、实验目的和要求

熟悉 ArcScene 的用户界面，能对地理数据进行基本的透视观察和三维浏览；了解数据三维显示的基本操作方法。

数据包含了某区域等高线（contour. shp）、景点（jingdian. shp）、河流（river. shp）和道路（road. shp）矢量数据，存放于本书数字资源包（…ex15 \ Data）。

三、实验步骤

（1）选择开始→ArcGIS→ArcScene 命令，打开 ArcScene，加载等高线（contour. shp）、景点（jingdian. shp）、河流（river. shp）和道路（road. shp）矢量数据（见图 15-1）。

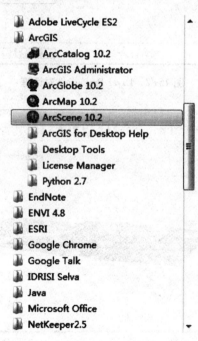

图 15-1　ArcScene 命令

（2）在 ArcScene 中 TIN 的表面创建与实验五 ArcMap 中 TIN 表面创建相同。

（3）参照实验五将 TIN 转为栅格，创建栅格表面。

（4）单击左边内容列表中图层下的符号样式，选择合适的颜色和样式。

（5）在水系图层单击右键，选择 Properties 命令，打开 Layer Properties 对话框，进入 Base Heights 选项卡，在 Floating on a custom surface 下拉列表中选择创建的 TIN 作为基准高程（见图 15-2），实现其三维显示，并对其他图层进行相同操作，显示结果如图 15-3 所示。

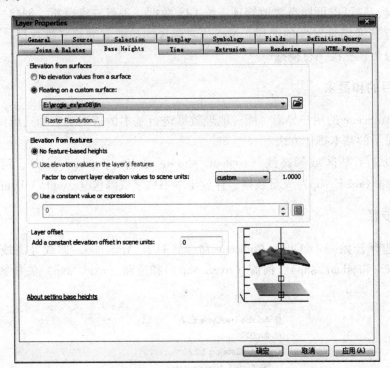

图 15-2　Layer Properties 对话框

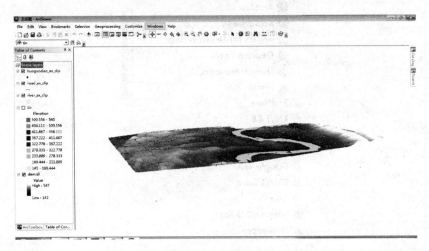

图 15-3　三维显示

四、问题思考

数据的三维显示可以应用在哪些方面？

实验十六 GIS 输出

一、基础知识

GIS 输出即空间数据的可视化表达，它将符号或数据转换为直观的几何图形，这一转换过程表现在以下三个方面：

（1）地图数据的可视化表示是地图数据的屏幕显示。可以根据数字地图数据分类、分级特点，选择相应的视觉变量（如形状、尺寸、颜色等），制作全要素或分要素表示的可阅读的地图。

（2）地理信息的可视化表示是利用各种数学模型，把各类统计数据、实验数据、观察数据、地理调查资料等进行分级处理，然后选择适当的视觉变量以专题地图的形式表示出来。

（3）空间分析结果的可视化表示是将 GIS 空间分析的结果以专题地图的形式来描述。

二、实验目的和要求

掌握将地图属性信息以直观的方式表现在地图上并利用布局界面制作专题地图的基本操作，熟悉如何将各种地图元素添加到地图版面中以生成美观的地图设计。

1. 数据显示符号化

（1）不同的乡按照 FID 字段用分类色彩表示。

（2）将道路按 Class 字段分类：分为一级道路和二级道路，分别使用不用的颜色来表示。

（3）铁路线符号 Width：1.5；样式：Single，Nautical Dashed。

（4）区县界线：橘黄色；Width：1。

（5）县政府：红色；Size：14.00；样式：Star3。

2. 注记标记

（1）对地图中乡镇的 Name 字段使用自动标注，标注统一使用 Country2 样式，大小为 7。

（2）手动标注主要河流，使用宋体、斜体、10 号字，字体方向为纵向。

（3）县政府使用自动标注，字体使用宋体，大小为 10。

3. 绘制格网

采用索引参考格网，使用默认设置。

4. 添加图幅整饰要素

（1）添加图例，包括所有字段。

（2）添加指北针。

（3）添加比例尺。

数据包含了某区域道路（dl. shp）、区乡界限（quxiangjiexian. shp）、乡界（quxianzhengfu. shp）、县界（tielu. shp）、区县政府（water. shp）、铁路（xiangjie. shp）和水系（xianjie. shp）矢量数据，存放于本书数字资源包（…ex\Data）。

三、实验步骤

1. 数据符号化

ArcGIS 的符号化是指将已处理好的矢量地图数据恢复成连续图形，并附之以不同符号表示的过程，其原则是按实际形状确定地图符号的基本形状，以符号的颜色或者形状区分事物的性质。

（1）打开 ArcMap，加载道路（dl. shp）、区乡界限（quxiangjiexian. shp）、乡界（quxianzhengfu. shp）、县界（tielu. shp）、区县政府（water. shp）、铁路（xiangjie. shp）和水系（xianjie. shp）矢量数据，对图层进行排序。

（2）在区乡界限（quxiangjiexian. shp）图层单击右键，选择 Properties（见图 16-1），打开 Layer Properties 对话框（见图 16-2）。

图 16-1　Properties 命令

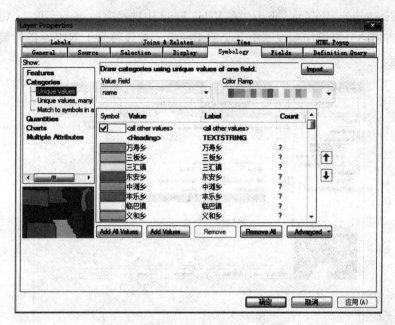

图 16-2　Layer Properties 对话框

（3）选择 Categories→Unique values，在 Value Field 中选择字段 name，单击 Add All Values，将所有乡镇名称添加到视图中，单击确定，关闭 Layer Properties 对话框。

（4）在铁路线（xiangjie.shp）图层的符号上单击左键，打开 Symbol Selector 对话框，找到要求中的 Single，Nautical Dashed 样式，在 Width 中将线宽设为 1.5，单击 OK（见图 16-3），关闭对话框。

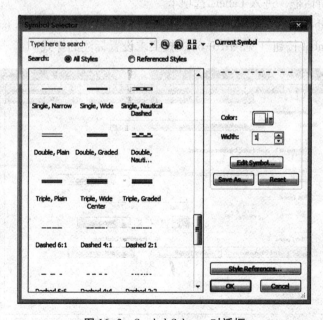

图 16-3　Symbol Selector 对话框

（5）在道路（dl.shp）图层单击右键，选择 Properties，打开 Layer Properties 对话

框，选择 Categories→Unique values，在 Value Field 中选择字段 class，单击 Add All Values，将所有道路分级添加到视图中（见图 16-4），在线符号上双击左键，根据要求设置道路分级。

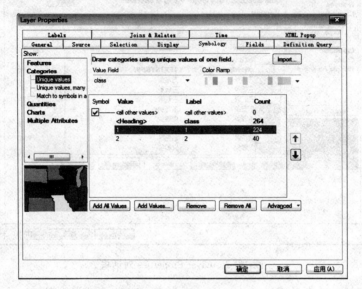

图 16-4　道路分级设置

（6）根据要求依次设置乡镇界线、县政府等。

2. 地图注记

（1）在区乡界限（quxiangjiexian. shp）图层上单击右键，选择 Properties，打开 Layer Properties 对话框，进入 Labels 选项卡。

（2）勾选 Label feature in this layer，在 Text String 下拉列表选择 name 字段（见图 16-5），单击 Symbol 按钮（见图 16-6），按要求设置标注的样式。

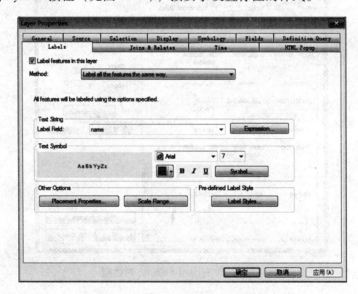

图 16-5　Layer Properties 对话框

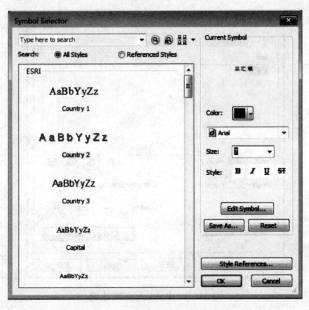

图 16-6　Symbol Selector 对话框

（3）在标准工具栏单击右键，选择 Draw 命令，添加绘图工具条（见图 16-7）；单击 Draw 工具条中的 **A** 按钮，选择曲线注记设置 Splined Text（见图 16-8），沿着渠江画一条弧线，双击出现的文本框，打开 Properties 对话框；在 Text 文本框输入"渠江"，可以在中间设置空格，调整字与字之间的距离（见图 16-9）；点击 Change Symbol 按钮，打开 Symbol Selector 对话框，设置字体、字号、斜体等属性，勾选 CJK character orientation 可改变字符方向（见图 16-10），单击确定。

Drawing ▾ ⬚ ⊙ ⬚ ⎙ ☐ ▾ **A** ▾ ⬚ ▌宋体 ▾ 10 ▾ **B** *I* U **A** ▾ ⬚ ▾ ⬚ ▾ ⸽ ▾

图 16-7　Draw 工具条

图 16-8　Splined Text 命令

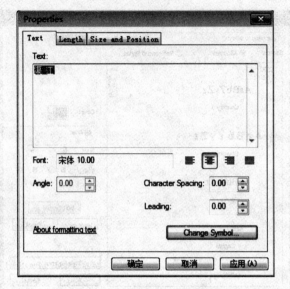

图 16-9 Properties 对话框

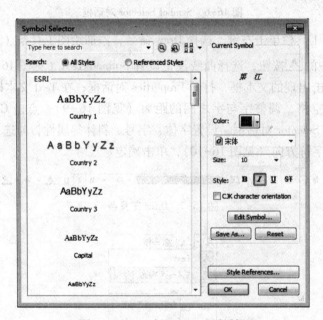

图 16-10 Symbol Selector 对话框

（4）县政府用同样的方式标注。

3. 设置网格

（1）打开 Layout View，如果布局不符合需要可以通过页面设置来改变图面尺寸和方向，或者通过 Layout 工具条中的 ![button] 按钮对布局进行变换。

（2）在数据框上单击右键，选择 Properties 命令，打开 Data Frame Properties 对话框（见图 16-11），进入 Grids 选项卡（见图 16-12）。

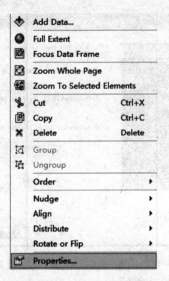

图 16-11　Properties 命令

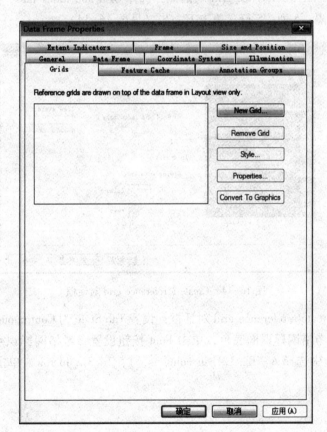

图 16-12　Data Frame Properties 对话框

　　（3）单击 New Grids 按钮，打开 Grids and Graticules Wizard 对话框，选择 Reference Grid，在 Grid 文本框输入格网名称，单击下一步（见图 16-13）。

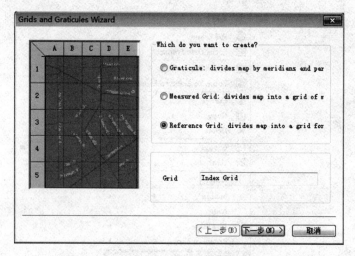

图 16-13　Grids and Graticules Wizard 对话框

（4）打开 Create a reference grid 对话框，选择 Grid and index tabs，在 Intervals 中输入参考格网的间隔：5 列，5 行，单击下一步（见图 16-14）。

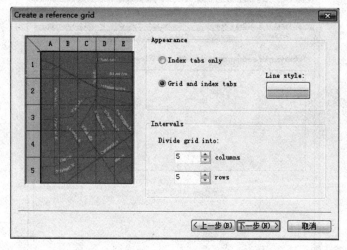

图 16-14　Create a reference grid 对话框

（5）打开 Create a reference grid 对话框，设置 Tab Style 为 Continuous Tabs；在 Color 下拉列表选择参考格网标识框底色；单击 Font 按钮设置参考格网标识字体和大小；在 Tab Configuration 中选择 A，B，C... in columns，1，2，3... in row，单击下一步（见图 16-15）。

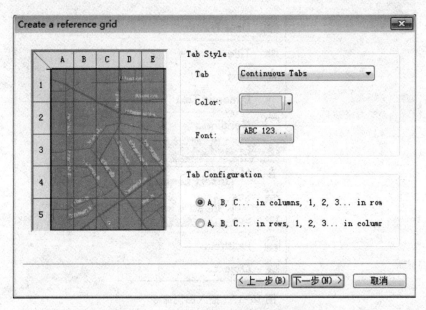

图 16-15　Create a reference grid 对话框

（6）打开 Create a reference grid 对话框，勾选 Place a border between grid and exis label 和 Place a border outside the grid 设置参考格网边框和内图廓线；选择 Store as a fixed grid that updates with change to the data frame 设置格网属性，单击 Finish（见图 16-16）。

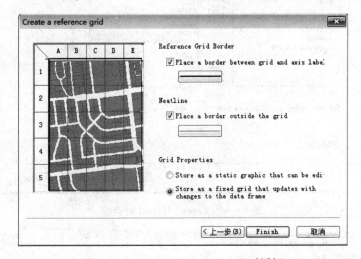

图 16-16　Create a reference grid 对话框

4. 添加地图整饰要素

（1）单击主菜单 Insert 下拉菜单，选择 Legend 命令（见图 16-17），打开 Legend Wizard 对话框（见图 16-18），根据要求调整图例的标题、图例框属性、图例样式、大小和位置等。

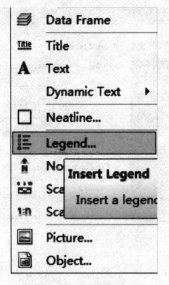

图 16-17   插入图例命令

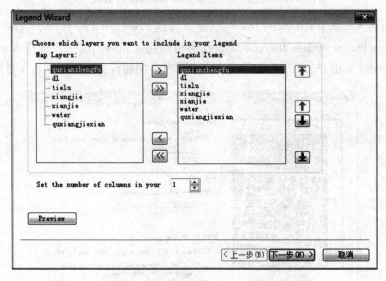

图 16-18   Legend Wizard 对话框

（2）采用同样的方法依次插入指北针、标题和比例尺等，以达州市渠县行政区划图为例，结果如图 16-19 所示。

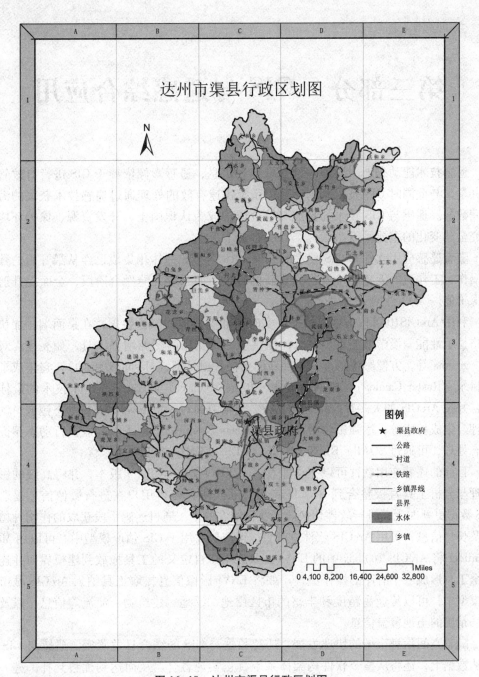

图 16-19 达州市渠县行政区划图

图片来源：国家基础地理信息中心官网。http://ngcc.sbsm.gov.cn/article/khly/lyzx/。

四、问题思考

GIS 的数据输出有什么格式要求？

第三部分　GIS 与遥感综合应用

遥感技术能动态地、周期性地获取地表信息，遥感影像依赖于 GIS 进行有效管理与共享，与此同时 GIS 技术利用计算机系统快速有效的处理通过遥感技术获取的海量空间数据。遥感与 GIS 技术的集成与综合应用成为认识国土、开发资源、保护环境和研究全球变化的重要手段。

随着遥感应用软件和 GIS 技术的进步，RS 与 GIS 一体化集成已经从最开始的数据互操作、工作流的无缝链接发展到了新的阶段，即系统无缝融合阶段，全面提升遥感影像价值。

利用 ArcGIS10 可以方便、快捷、实时和准确地访问影像数据；在桌面端，加快了栅格显示性能，漫游缩放更加平滑；提供了一些实用的图像增强工具，如亮度、对比度、gamma 等，方便影像解译；增加新的栅格数据模型（Mosaic Dataset），它集成了栅格目录（Raster Catalog）、栅格数据集（Raster Dataset）和 Image server 技术的最佳功能，并被 ArcGIS 的大多数应用程序支持，包括 Desktop 和 Server，支持动态镶嵌、动态处理、集成检索等；增强影像服务功能（Image Services），服务端高效执行动态镶嵌和动态处理，可通过 SOAP、REST、WMS、WCS 和 KML 访问。

目前的遥感应用软件可以完全兼容 ArcGIS10 及 ArcGIS9.3 版本，并将高级的影像处理与分析工具直接整合到 ArcGIS 产品体系当中，使得用户在进行影像信息提取与 GIS 数据更新时无需进行软件切换。如在精细农业中，通过遥感手段获取的作物种植面积及长势信息，可用 ArcGIS 软件进行直接调取，并用于 GIS 估产模型中。可以用 ModelBuilder 将 ArcGIS Toolbox 中的 ENVI 工具或用户自定义的工具拖放到建模界面并连接各个工具形成一个有序的操作流程。如将 ENVI 影像信息提取工具纳入 ArcGIS 城市规划模型中，可以传递高精度和丰富的市区硬地、绿地、建筑物、河流等信息，以及及时、精确的土地覆盖信息。

随着空间信息市场的快速发展，遥感数据与 GIS 的结合日益紧密。遥感与 GIS 不仅从数据上，还将从整个软件构架体系上真正实现融合，从而达到优势互补，进一步提升 GIS 软件的可操作性，提升空间和影像分析的工作效率，并有效节约系统成本。

实验十七　基于 RS 和 GIS 的土地利用动态监测

一、背景知识概况

（一）基本名词

土地利用：全面反映土地数量、质量、分布、利用方式以及相互关系。土地利用信息是通过土地利用现状图反映出来的。

土地利用数据库：利用 GIS 技术对于土地利用现状图进行数字化，建立土地利用数据库系统。

变化监测：土地利用是一个动态变化的过程，传统的 5 年一更新的办法不能满足土地监察、管理的要求，采用遥感技术实现土地利用的变化监测势在必行。采用不同分辨率、多源、多时相遥感数据，采用多种图像处理方法可以提取土地利用的变化信息和分类信息，从而实现自动监测的目的。

土地利用动态监测：对土地资源及其利用状况的信息持续收集调查，开展系统分析的科学管理手段和工作。

（二）土地利用动态监测的内容

土地资源状况：土地数量、利用状况变化特别是耕地资源状况的变化，当前监测城市建设用地规模的扩展和耕地的变化是重点。

土地利用状况：对土地利用过程和利用效果进行监测，是土地监察和规范土地利用行为的主要内容。

土地权属状况：土地权属变动是社会经济发展、生产力布局变革的必然，对土地权属的状况的变化动态应及时了解掌握。

土地条件状况：土地利用与其环境条件密切相关，需及时掌握土地条件的变化，防止土地条件变化带来的灾难。

土地质量及等级状况：土地等级反映土地质量，土地质量是土地利用的基础也是价格形成的重要依据。

（三）土地利用动态监测的方法

土地利用动态监测目前由变更调查、遥感监测、统计报表制度、专项调查及土地信息系统等构成。变更调查及遥感监测是目前的主要手段。

变更调查是指对实地土地利用发生的变化加以调查、记载和变更，更新、充实原有的相关资料，进而保持土地资料的现势性。

遥感监测是指采用遥感技术手段，对土地资源和土地利用实施宏观动态监测，及时发现实地土地利用发生的变化，并做出相应的分析。

（四）土地利用动态监测对象及目的

土地利用动态监测，主要是对耕地以及建设用地等土地利用变化情况进行及时、直接、客观的定期监测，检查土地利用总体规划及年度计划执行情况。重点是核查每年土地变更调查汇总数据，为国家宏观决策提供比较可靠、准确的土地利用变化情况；对违法或涉嫌违法用地的地区及其他特定目标等情况，进行快速的日常监测，为违法用地查处及突发事件处理提供依据。

监测原则：以土地变更调查数据、图为基础，利用遥感图像的处理与识别等技术，从遥感图像上提取变化信息。

二、实验目的和要求

通过这次实验充分了解通过 ENVI 5.1 和 Arcgis 10.2 软件进行土地利用动态监测的基本操作流程和原理，尽量做到学以致用。学会独立安装 ENVI 5.1 和 Arcgis 10.2 软件，并且熟悉 ENVI 5.1 和 Arcgis 10.2 软件的基本操作，为以后实验的操作打下基础。熟悉 Arcmap 与 ENVI 的相关操作，掌握土地利用动态监测的原理与流程及运用。

通过 ENVI 5.1 与 Arcgis 10.2 软件相关操作，结合重庆 1988 年和 2007 年 TM 影像图，对重庆主城土地利用现状进行动态监测。文件以 Img 格式提供，存放于本书数字资源包（…\ ex17\ 1988. img 和 2007. img）。

三、实验步骤

（一）实验流程

实验流程如图 17-1 所示。

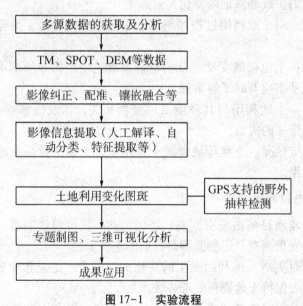

图 17-1　实验流程

（二）数据预处理

参考第一部分（实验一、实验二和实验三）的内容对数据进行校正配准、影像镶嵌与融合等前期遥感影像预处理步骤，结果见图 17-2。

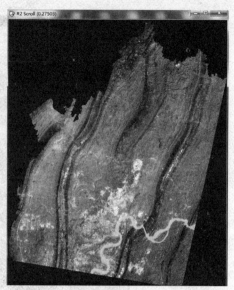

1988 年数据预处理结果　　　　　　　2007 年数据预处理结果

图 17-2

（三）影像信息提取

参考第一部分（实验六）监督分类步骤对 1988 年和 2007 年 TM 影像信息分类及提取。由于监督法分类已经在本实训的实验六中介绍过了，所以我们在这里只总结一下，ENVI 进行监督分类需要用户选择作为分类基础的训练样区，即感兴趣区（ROI）。

1. 创建感兴趣区（ROI）

打开影像 1988.img，选择 4、3、2 波段显示，选择样本，Basic Tools→Region of Interest→Define Region of Interest 或 Image 窗口→Overlay→Region of Interest 定义感兴趣区（ROI），根据预处理后的遥感影像特点，分为水田、旱地、林地、水体、草地、建设用地和未利用地七类。

2. 监督分类

使用最大似然法（Maximum Likelihood）对其进行分类，使用混淆矩阵对其进行精度评价，分类结果如图 17-3 所示，精度达到要求。

图 17-3　监督分类结果图

（四）分类后处理

对区域进行土地利用动态评价，我们需要将分类后的影像导入 ArcGIS 中，以便为动态管理提供数据。

1. 影像分类

在并类处理过的分类影像的主影像窗口中，选择 Overlay→Vectors，在 Vector Parameters 对话框中，选择 File→Open Vector File→ENVI Vector File，然后选择文件 can_v1. evf 和 can_ v2. evf。在可用矢量列表对话框中，选择 Select All Layers，点击 Load Selected 按钮，选择 can_ dmp. img。在分类产生的多边形中获取的矢量，就会勾画出栅格分类像元的轮廓。将自己的分类影像转换为矢量层。

选择 Classification→Post Classification→Classification to Vector，在 Raster to Vector Input Band 对话框中，选择经过分类后的影像 1988_ jiandufenlei. img（见图 17-4），点击 OK 按钮；在打开的 Raster To Vector Parameters 对话框中选择需要转换为矢量的类别，在 Enter Output Filename 中输入保存路径及保存文件名 1988_ jiandufenlei. img（见图 17-5），点击 OK 按钮，即打开 Bulid Vector Topology 窗口（见图 17-6）；打开 Available Vectors List 窗口，选择 File→Export Layers to Shapefile（见图 17-7），打开 Output EVF Layers to Shapefile 窗口，在 Enter Output Filename 中输入保存路径及保存文件名 1988_ LUCC. img（见图 17-8），点击 OK 按钮。

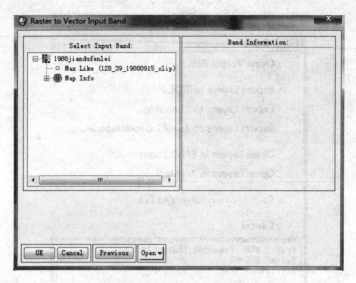

图 17-4　Raster to Vector Input Band 对话框

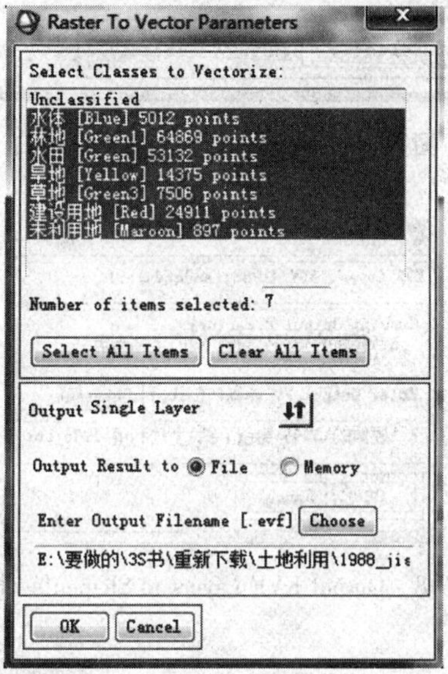

图 17-5　Raster To Vector Parameters 对话框

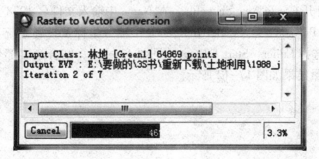

图 17-6　Raster to Vector Conversion 窗口

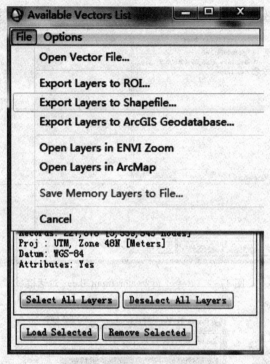

图 17-7　Available Vectors List 窗口

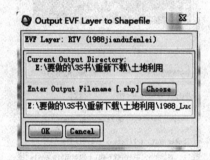

图 17-8　Output EVF Layers to Shapefile 对话框

2. 手工矢量化

打开 Arccatalog 按钮，新建面文件，在空白处点击右键，选择 New→shapefile （见图 17-9）。打开 Create New Shapefile，在 Name 中输入文件名 1988_ LUCC，在 Feature Type 中选择 Polygon，在 Spatial Reference 中输入坐标及投影系统（见图 17-10），点击 OK 按钮。选择 Editor→Start Editing（见图 17-11），结合第二部分（实验九）对影像矢量化，矢量结果如图 17-12 所示。

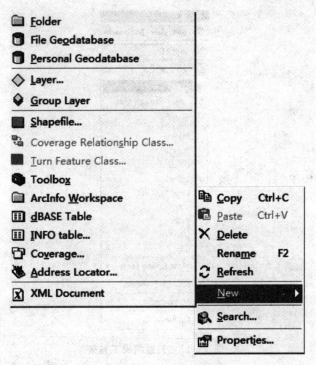

图 17-9　添加矢量层操作流程

图 17-10　Create New Shapefile 对话框

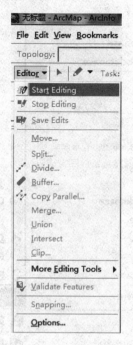

图 17-11　矢量编辑工具条

图 17-12　矢量化结果图

（五）属性编辑

在 1988_ LUCC. shp 文件右键点击 Open Attribute Table（见图 17-13），点击右下角 Options，选择 Add Field（见图 17-14）。打开 Add Fiels 对话框，在 Name 中输入创建

属性的属性名，如面积 area，在 Type 中输入创建属性的字符类型，如 Double。在 Fiele Properties 中输入字符的长度（见图 17-15），点击 OK 按钮。点击所创建属性的右键（见图 17-16），计算需要的属性。

图 17-13 Open Attribute Table 工具

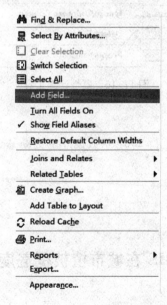

图 17-14 Add Field 工具

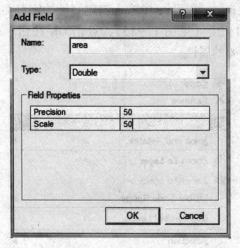

图 17-15　Add Field 对话框

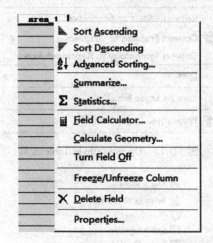

图 17-16　属性计算工具

（六）数据更新

在 1988 年数据的基础上进行 2007 年数据库的更新并进行动态分析。

四、问题思考

讨论 GPS 在调查前后的方法及应用。

实验十八　RS 与 GIS 在城市植被覆盖度动态分析中的应用

一、背景知识概况

植被覆盖度是指植被（包括叶、茎、枝）在地面的垂直投影面积占统计区总面积的百分比。容易与植被覆盖度混淆的概念是植被盖度，植被盖度是指植被冠层或叶面在地面的垂直投影面积占植被区总面积的比例。两个概念主要区别就是分母不一样。植被覆盖度常用于植被变化、生态环境研究、水土保持、气候等方面。

植被覆盖度的测量可分为地面测量和遥感估算两种方法。地面测量常用于田间尺度，遥感估算常用于区域尺度。目前已经发展了很多利用遥感测量植被覆盖度的方法，较为实用的方法是利用植被指数近似估算植被覆盖度，常用的植被指数为 NDVI。

目前已经发展了很多利用遥感测量植被覆盖度的方法，较为实用的方法是利用植被指数近似估算植被覆盖度，常用的植被指数为 NDVI，常用的模型为像元二分模型。

像元二分模型是一种简单实用的遥感估算模型，它假设一个像元的地表由有植被覆盖部分地表与无植被覆盖部分地表组成，而遥感传感器观测到的光谱信息也由这两个组分因子线性加权合成，各因子的权重是各自的面积在像元中所占的比率，如其中植被覆盖度可以看作是植被的权重。

$$VFC = (NDVI-NDVI_{soil}) / (NDVI_{veg}-NDVI_{soil}) \tag{1}$$

其中，$NDVI_{soil}$ 为完全是裸土或无植被覆盖区域的 NDVI 值，$NDVI_{veg}$ 则代表完全被植被所覆盖的像元的 NDVI 值，即纯植被像元的 NDVI 值。两个值的计算公式为：

$$NDVI_{soil} = (VFC_{max} * NDVI_{min} - VFC_{min} * NDVI_{max}) / (VFC_{max}-VFC_{min}) \tag{2}$$

$$NDVI_{veg} = ((1-VFC_{min}) * NDVI_{max} - (1-VFC_{max}) * NDVI_{min}) / (VFC_{max}-VFC_{min}) \tag{3}$$

利用这个模型计算植被覆盖度的关键是计算 $NDVI_{soil}$ 和 $NDVI_{veg}$，这里有两种假设：

①当区域内可以近似取 $VFC_{max} = 100\%$，$VFC_{min} = 0\%$。

公式（1）可变为：

$$VFC = (NDVI-NDVI_{min}) / (NDVI_{max}-NDVI_{min}) \tag{4}$$

$NDVI_{max}$ 和 $NDVI_{min}$ 分别为区域内最大和最小的 NDVI 值。由于不可避免存在噪声，$NDVI_{max}$ 和 $NDVI_{min}$ 一般取一定置信度范围内的最大值与最小值，置信度的取值主要根据图像实际情况来定。

②当区域内不能近似取 $VFC_{max} = 100\%$，$VFC_{min} = 0\%$。

当有实测数据的情况下，取实测数据中的植被覆盖度的最大值和最小值作为 VFC_{max} 和 VFC_{min}，这两个实测数据对应图像的 NDVI 作为 $NDVI_{max}$ 和 $NDVI_{min}$。

当没有实测数据的情况下，取一定置信度范围内的 $NDVI_{max}$ 和 $NDVI_{min}$，VFC_{max} 和 VFC_{min} 根据经验估算。

二、实验目的和要求

熟练掌握 ENVI 软件的波段运算及应用，理解基于像元二分模型设计的植被覆盖度遥感估算方法并运用；掌握 GIS 软件栅格数据叠加及分析的运用。

以重庆市的 Landsat TM 影像为数据源，成像时间为 1988 年 9 月份和 2007 年 9 月份，采用改进的像元二分模型详细介绍植被覆盖度遥感估算过程，结合 DEM 与土地利用数据对植被覆盖度动态变化进行分析。涉及 TM 影响大气校正、图像镶嵌与裁剪、NDVI 计算与统计、Bandmath 使用、图像叠加分析等，在 ENVI 5.0 与 Arcgis 10.2 版本中完成整个操作。文件以 Img 格式提供，存放于本书数字资源包（…\ex18\1988.img

和 2007. img)。

三、实验步骤

实验以 Landsat TM 数据为研究对象，采用像元二分模型方法，对重庆 1988 年和 2007 年内数据进行处理，进行植被覆盖度变化监测研究，另外通过重庆地区的 DEM 地形数据和土地利用类型变化数据进行处理，综合评价地形和土地利用对地区植被覆盖度变化所产生的影响。

利用 Landsat 5TM 的像元二分模型植被覆盖度遥感估算的处理流程如图 18-1 所示。

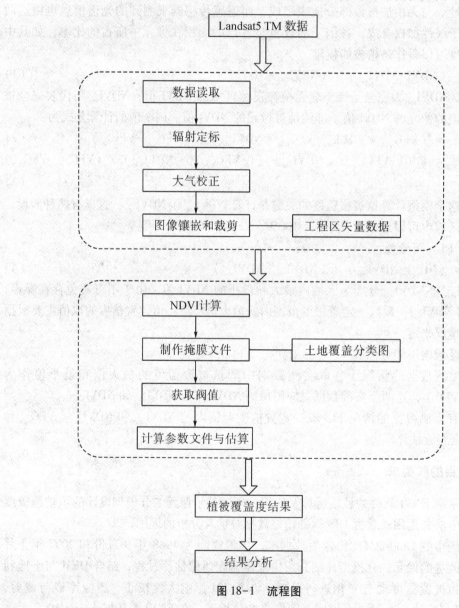

图 18-1　流程图

（一）数据预处理

参考第一部分（实验一、实验二、实验三和实验五）对影像进行预处理使用的数据是经过几何校正、大气校正、图像增强等的 TM 影像。经预处理后的研究区 1988 年和 2007 年的影像见图 18-2。

图 18-2　1988 年和 2007 年影像图

（二）植被覆盖度估算

实验以"当区域内可以近似取 $VFC_{max}=100\%$，$VFC_{min}=0\%$"情况下，整个影像中 $NDVI_{soil}$ 和 $NDVI_{veg}$ 取固定值，介绍在 ENVI 中实现植被覆盖度的计算方法。

1. 计算 NDVI

在 ENVI 主菜单中，选择 Transform→NDVI，利用 TM 影像计算 NDVI（见图 18-3）。计算后保存文件名分别为 1988_ NDVI. img 和 2007_ NDVI. img（见图 18-4）。再在 ENVI 主菜单中，选择 Basic Tools→Band Math，在 Enter an expression 中输入公式 float (b1) ＊b1/b1（见图 18-5），点击 OK 按钮。在打开的 Variables to Bands pairings 对话框中，将 2007_ NDVI. img 添加给 b1（见图 18-6），点击 OK 按钮即可，影像把研究区背景值 0 改为 NAN（见图 18-7）。

图 18-3　ENVI 菜单中 NDVI 工具

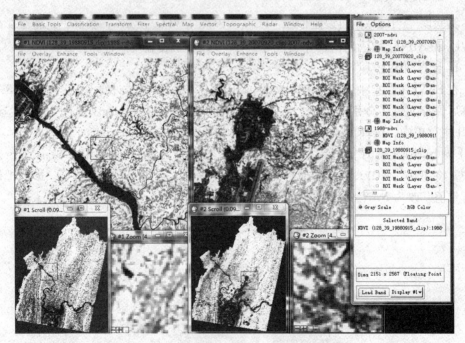

图 18-4　1988 年和 2007 年 NDVI 图像显示窗口

图 18-5 Band Math 对话框

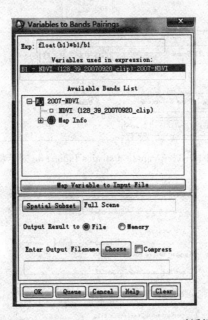

图 18-6 Variables to Bands pairings 对话框

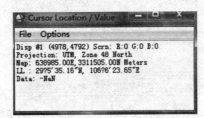

图 18-7 Cursor Location/Value 界面

2. 选取参数

在 ENVI 主菜单中，选择 Basic Tools→Statistics→Compute Statistics，在 Compute Statistics Input File 对话框中（见图 18-8），选择 1988_ NDVI. img 文件，打开 Compute

Statistics Parameters 对话框，选择需要的统计数据（见图 18-9），得到研究区的统计结果。在统计结果中，最后一列表示对应 NDVI 值的累积概率分布。分别取累积概率为 5% 和 90% 的 NDVI 值作为 $NDVI_{min}$ 和 $NDVI_{max}$（见图 18-10）。这里得到：1988 年 $NDVI_{max} = 0.443868$，$NDVI_{min} = 0.005537$；2007 年 $NDVI_{max} = 0.423078$，$NDVI_{min} = 0.007207$。

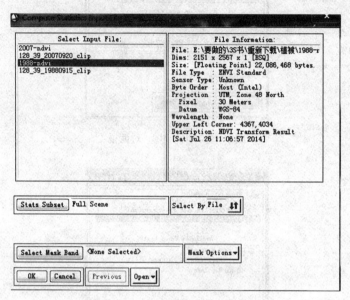

图 18-8　Compute Statistics Input File 对话框

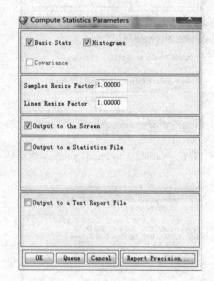

图 18-9　Compute Statistics Parameters 对话框

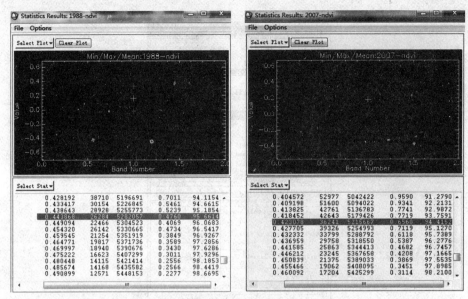

图 18-10 统计结果

3. 提取植被覆盖度图像

在 ENVI 主菜单中, 选择 Basic Tools→Band Math, 在 Enter an expression 中输入公式, 1988 年为 (b1 lt 0.005537) ∗0+ (b1 gt 0.443868) ∗1+ (b1 ge 0.005537 and b1 le 0.443868) ∗ ((b1 - 0.005537/ (0.443868 - 0.005537)), 2007 年为 (b1 lt 0.007207) ∗0+ (b1 gt 0.423078) ∗1+ (b1 ge 0.007207 and b1 le 0.423078) ∗ ((b1-0.007207) / (0.423078-0.007207)) (见图 18-11)。即当 NDVI 小于 ND-VImin, VFC 取值为 0; NDVI 大于 NDVImax, VFC 取值为 1; 介于两者之间的像元使用公式 (4) 计算, 点击 OK 按钮。在打开的 Variables to Bands pairings 对话框中, 将 1988 _ NDVI. img 或 2007_ NDVI. img 添加给 b1 (见图 18-12), 点击 OK 按钮即可。得到一个单波段的植被覆盖度图像文件 (见图 18-13), 像元值表示这个像元内的平均植被覆盖度, 点击 Display 显示 (见图 18-14)。

图 18-11 Band Math 对话框

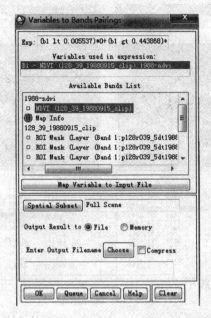

图 18-12　Variables to Bands pairings 对话框

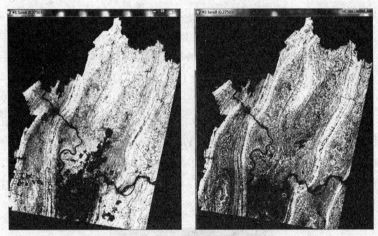

图 18-13　植被覆盖度图

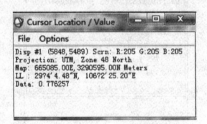

图 18-14　Cursor Location/Value 界面

4. 植被覆盖度图像分类

选择 Tools→Color Mapping→Density Slice（见图 18-15），单击 Clear Range 按钮清除默认区间（见图 18-16）。选择 Opions→Add New Ranges，根据上面的对照表依次添加 10

个区间，分别为每个区间设置一定的颜色，单击 Apply 得到植被覆盖图（见图 18-17）。

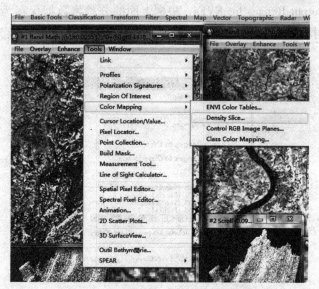

图 18-15　ENVI 菜单中 Density Slice 工具

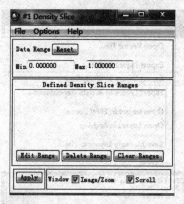

图 18-16　Density Slice 对话框

图 18-17　1988 年（左）、2007 年（右）植被覆盖度遥感估算结果

5. 将植被覆盖度分类图加载到 Arcmap 中

选择 File→Output Ranges for EVFs，根据上面的分类将数据保存为 . EVF 格式（见图 18-18）；再选择 File→Export Layers to Shapefile，将 . EVF 文件转换为 . shp 文件（见图 18-19）。

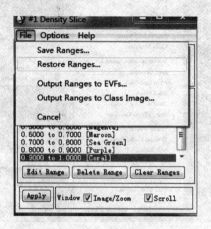

图 18-18　Density Slice 菜单中 Restore Ranges 工具

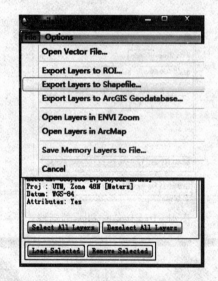

图 18-19　Available Vectors List 菜单中 Export Layers to Shapefile 工具

6. 栅格数据叠加

在 Arcmap 中打开 . shp 文件。选择 Conversion→To Raster→Feature to Raster（见图 18-20），将矢量文件转换为栅格文件（见图 18-21），得到植被覆盖度图像的栅格数据。打开已有的土地利用数据，操作同样的步骤将土地利用 . shp 数据转换为栅格数据。选择 Spatial Analyst Tools→Math→Logical→Combinatorial And（见图 18-22），双击打开，在 Combinatorial And 对话框中（见图 18-23），将土地利用栅格数据和植被覆盖度栅格数据进行叠加，叠加后图像如图 18-24，右键点击叠加好的数据打开属性表，即可看到叠加后的数据（见图 18-25）。

图 18-20　ArcCatalog 菜单中 Feature to Raster 工具

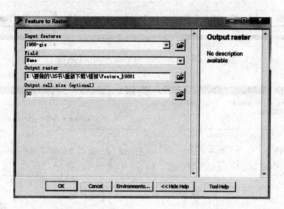

图 18-21　Feature to Raster 对话框

图 18-22　ArcCatalog 菜单中 Combinatorial And 工具

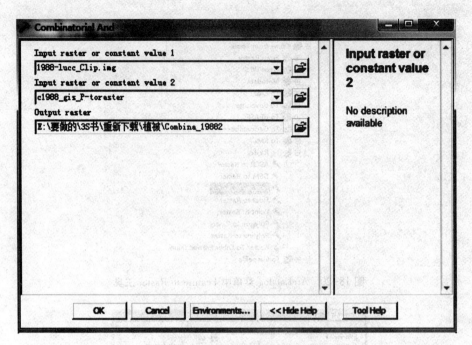

图 18-23　Combinatorial And 对话框

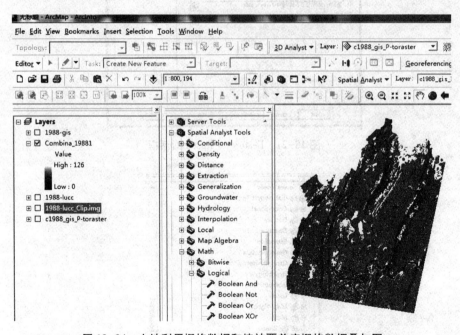

图 18-24　土地利用栅格数据和植被覆盖度栅格数据叠加图

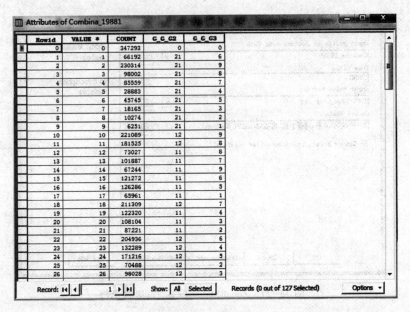

图 18-25　矢量属性表

7. 对土地利用与植被覆盖度进行统计分析

选择 Spatial Analysis Tools→Zonal→Zonal Statistics table（见图 18-26）。双击打开；打开 Zonal Statistics as Table 对话框（见图 18-27），在 Input raster or feature zone data 下选择要统计的数据，在 Zone field 下选择统计的属性，在 Input value raster 下输入一个同坐标范围的栅格数据（若没有栅格，也可用矢量转化为一个栅格），在 Output table 下选择输出结果的保存路径。点击 Source 查看结果统计表（见图 18-28）。其中，COUNT 属性指栅格数目，AREA 属性是面积。打开属性表（见图 18-29）即可对土地利用与植被覆盖度进行统计分析。

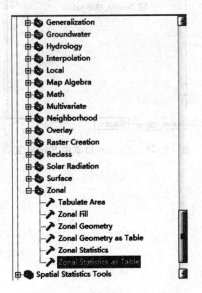

图 18-26　ArcCatalog 菜单中 Zonal Statistics as Table 工具

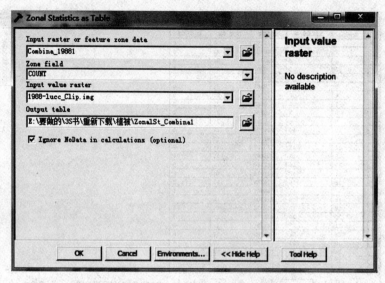

图 18-27　Zonal Statistics as Table 对话框

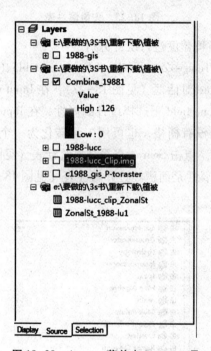

图 18-28　Arcmap 菜单中 Source 工具

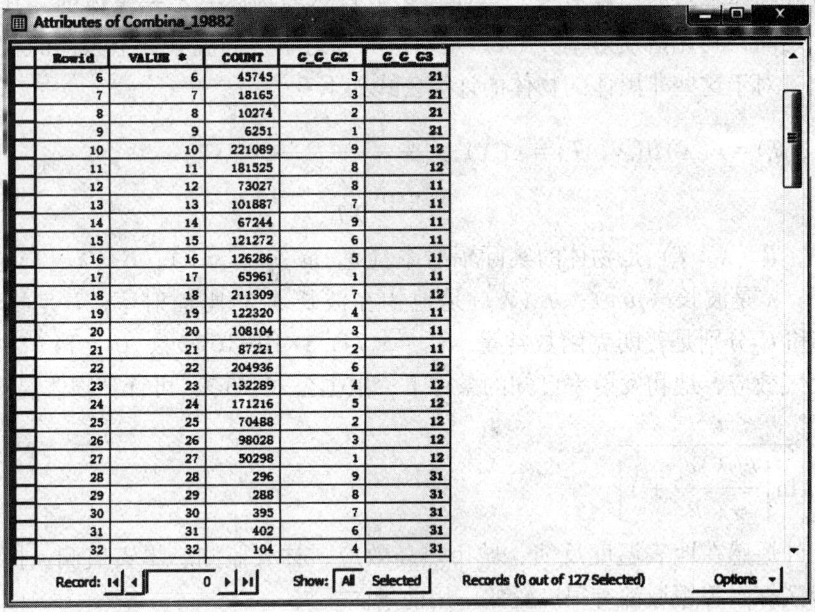

Rowid	VALUE *	COUNT	G_G_G2	G_G_G3
6	6	45745	5	21
7	7	18165	3	21
8	8	10274	2	21
9	9	6251	1	21
10	10	221089	9	12
11	11	181525	8	12
12	12	73027	8	11
13	13	101887	7	11
14	14	67244	9	11
15	15	121272	6	11
16	16	126286	5	11
17	17	65961	1	11
18	18	211309	7	12
19	19	122320	4	11
20	20	108104	3	11
21	21	87221	2	11
22	22	204936	6	12
23	23	132289	4	12
24	24	171216	5	12
25	25	70488	2	12
26	26	98028	3	12
27	27	50298	1	12
28	28	296	9	31
29	29	288	8	31
30	30	395	7	31
31	31	402	6	31
32	32	104	4	31

图 18-29 矢量属性表

四、问题思考

植被覆盖度的空间分析应该如何做？地形对植被覆盖度有什么影响？

实验十九 RS与GIS在城市热环境监测中的应用

一、背景知识概况

（一）理论基础

热红外遥感（Infrared Remote Sensing）是指传感器工作波段限于红外波段范围之内的遥感。这是一个狭义的定义，只是说明了数据的获取。另外一个广义的定义是：利用星载或机载传感器收集、记录地物的热红外信息，并利用这种热红外信息来识别地物和反演地表参数如温度、湿度和热惯量等。

热红外遥感的信息源来自物体本身，其基础是所有的物质，只要其温度超过绝对零度，就会不断发射红外辐射。不同的地表物质，由于其表面形态、内部组成等的不同，其热惯量、热容量、热传导及热辐射一般也各不相同，其向外发射的热红外能量也存在差异。常温的地表物体发射的红外辐射主要集中在中远红外区，又称热辐射。热辐射与物质的表面状态有关，同时是物质内部组成和温度的函数。热红外遥感利用传感器收集、记录地物的热红外信息，利用热红外信息来识别地物和反演各类地表参数。

应用热红外遥感来反演地表温度要基于普朗克定律。黑体（发射率 ε 为1）发射的辐射能量和物体本身的温度有关。然而大多数自然界物体并不是黑体的，其发射率介于 0 和 1 之间，其光谱发射率 $\varepsilon(\lambda)$ 是地物的辐射率与同温条件下黑体的辐射率的比值。因此，对于这些非黑体的物体的计算公式如下：

$$R(\lambda,\ T)=\varepsilon(\lambda)B(\lambda,\ T)=\varepsilon(\lambda)\frac{C_1\lambda^{-5}}{\pi(\exp(\frac{c_2}{\lambda T})-1)} \tag{1}$$

其中，$R(\lambda,\ T)$ 是物体的实际辐射率（$W.\ m^{-2}\mu m^{-1}sr^{-1}$）；$B(\lambda,\ T)$ 是同温黑体辐射率；λ 是波长（μm）；$\varepsilon(\lambda)$ 是地物在波长 λ 的比辐射率；T 是物体的温度（K）；C_1 和 C_2 分别是普朗克函数常量，$C_1=3.741\ 8\times10-16Wm^2$，$C_2=143\ 888\mu mk$。在不考虑大气效应，地物发射率已知的条件下，根据公式（1），可计算物体温度 T：

$$T=\frac{C^2}{\lambda\ln\left[\frac{\varepsilon(\lambda)c_1}{\pi\lambda^5R}+1\right]} \tag{2}$$

热红外遥感在地表温度反演、城市热岛效应、林火监测、旱灾监测、探矿、探地热、岩溶区探水等领域都有很广泛的应用前景。

（二）常见名词

热红外遥感涉及的知识多而且深，此处介绍热红外遥感中几个基本的概念。

辐射出射度：单位时间内，从单位面积上辐射出的辐射能量称为辐射出射度，单位是 wm^{-2}。

辐射亮度：辐射源在某一方向上单位投影表面、单位立体角内的辐射通量，称为辐射亮度（Radiance），单位是 $W\cdot m^{-2}\mu m^{-1}Sr^{-1}$。

比辐射率（Emissivity）：也叫发射率，物体的出射度与同温度黑体出射度之比。常见的还有地表比辐射率。

大气透射率：通过大气（或某气层）后的辐射强度与入射前辐射强度之比。

亮度温度：就是我们常说的亮温。在热辐射的测量与应用理论中，亮度温度是一个被广泛应用的物理名词，其定义为：当一个物体的辐射亮度与某一黑体的辐射亮度相等时，该黑体的物理温度就被称之为该物体的亮度温度，所以亮度温度具有温度的量纲，但是不具有温度的物理含义，它是一个物体辐射亮度的代表名词。

（三）地表温度反演的应用

陆地表面温度（Land Surface Temperature，LST）是一个重要的地球物理参数。目前人们比较熟悉的是用卫星遥感数据提取海洋温度（Sea Surface Temperature，SST），SST 技术已较为成熟，可以在全球范围内达到 1K 的精度。由于陆地表面比海洋表面复杂得多，导致陆地表面温度反演的精度较低，陆地表面温度反演成了一个亟待解决的科学难题。

传统的温度研究主要采用定点观测相的方法，而对于大面积研究范围则多采用网络布点法来间接地测得。然而，地表是一个复杂的巨系统，下垫面类别不同，不同类型下垫面的传导和辐射的不同而导致各处温度有明显的差异，所以传统方法不可能全面、同步地反映地面的热量变化状况。

自 20 世纪 60 年代初期发射 TIROS-II 以来，利用卫星数据反演地表温度，探讨卫星热通道数据的理论及实际应用方法已成为遥感科学的一个重要研究领域。从 NOAA 和 MODIS 的分辨率 1km 提高到 ETM+的 60m；从单波段，到多波段。多传感器的遥感数据为同步获取地表温度，进而进行热环境分析提供了基本条件。研究者针对不同的数据类型，对温度的计算方法进行了深入的分析，并得到了适用于不同传感器的多种算法。利用热红外遥感反演地表温度已取得很多突破。其具体应用可以得到大范围的地表温度面信息，具有便捷、广泛、信息连续的特点。

目前，针对卫星影像的温度反演算法较多，目前较实用的有：辐射传输方程法（大气校正法）、单波段法、分裂窗算法、单窗算法、多角度算法。

1. 辐射传输方程法

辐射传输方程法又称大气校正法，辐射传输方程法是完全根据电磁辐射从地球表面到传感器的传输过程来计算的。方程表示为：

$$I = [\varepsilon B(T_s) + (1 - \varepsilon)I^{\downarrow}]\tau + I^{\uparrow} \tag{3}$$

其中，I 是大气顶层的辐射亮度，ε 是地表比辐射率，$B(T_s)$ 是根据普朗克辐射定律计算出的黑体辐射强度，T_s 是地表温度（K）。τ 为地表与传感器之间总的大气透射率，可以用大气水分含量来估计。$I^{\downarrow}$ 和 $I^{\uparrow}$ 分别是大气的下行和上行热辐射强度。由辐射传输方程可知，要得到地表温度 T_s 必须要知道大气透过率 τ，大气下行辐射亮度 $I^{\downarrow}$，大气上行辐射亮度 $I^{\uparrow}$。

从辐射传输方程来看，虽然可以通过公式得到一个关于地表温度的表达式，但是它必须有详细的卫星过境时的大气剖面资料。拥有大气资料后用一些类似 MODTRAN 的程序，对大气轮廓线数据进行模拟，计算出反演参数，进而消除大气和地表比辐射率对地表温度的影响。这种方法最大的一个限制条件是要求卫星过境时的大气无线电探空数据。

2. Jiménez-Muñoz 和 Sobrino 的单波段法

Jiménez-Muñoz 和 Sobrino 发展了一个比较普遍的单波段法反演地表温度，即：

$$T_s = \gamma[\varepsilon^{-1}(\varphi_1 L_{sensor} + \varphi_2) + \varphi_3] + \delta \tag{4}$$

$$\gamma = \left[\frac{c_2 L_{sensor}}{T_{sensor}^2}(\frac{\lambda^4}{c_1}L_{sensor} + \lambda^{-1})\right]^{-1} \tag{5}$$

$$\delta = -\gamma L_{sensor} + T_{sensor} \tag{6}$$

以上等式中，T_s 是地表温度（K），L_{senser} 是辐射亮度，单位是 w/（m². ster. μm），T_{senser} 是亮度温度（K），λ 是波长（μm），c_1 是常数 1.191 04×108（Wμm⁴. m⁻². sr⁻¹），c_2 是常数14 387.7（μm. K）。可以按照以下公式得到，其中 w 为大气含水量。

$$\varphi_1 = 0.14714w^2 - 0.15583w + 1.1234 \tag{7}$$

$$\varphi_2 = -1.1836w^2 - 0.37607w - 0.52984 \tag{8}$$

$$\varphi_3 = -0.04554w^2 + 1.8719w - 0.39071 \tag{9}$$

3. 分裂窗算法

分裂窗算法（Split Window Algorithm）也称劈窗算法，是以卫星观测到的热辐射数据为基础，利用大气在两个波段上的吸收率不同去除大气影响，并用该两波段辐射亮温的线性组合来计算地表温度，主要针对的是海水温度的反演。

分裂窗算法最早是针对 NOAA 卫星 AVHRR 探测器两个热通道（分别为 $10.5 \sim 11.3 \mu m$ 和 $11.5 \sim 12.5 \mu m$）特点提出的。

Becker 等（1990）通过研究把该方法从海面温度遥感引入到陆地表面温度的估算，并得到了广泛的应用。将 NOAA 的 AVHRR 两个热通道即通道转化为相应的亮度温度，然后通过亮温来反演地表温度。它们的一般表达式如下：

$$T_s = T_4 + A(T_4 - T_5) + B \tag{10}$$

式中 T_s 是地表温度，T_4 和 T_5 分别是 AVHRR 热通道 4 和通道 5 的亮度温度，A 和 B 是参数，温度单位为绝对温度（K）。

分窗算法在海面温度的反演上精度较高，因为海水的比辐射率可以认为是固定的。但是对于陆地表面而言就比较复杂，与水体比较，陆地的大气水汽含量和地表比辐射率有较大变化，这种经验、半经验型公式会产生较大的偏差。

4. 多角度算法

假设大气在水平方向上是均匀分布的，多角度方法充分利用了同一目标在不同的观测角度下大气对地表辐射吸收率的差异。多角度观测可以是同一卫星在不同角度观测，也可以是不同卫星对同一目标观测。1991 年 ATSR 是第一个能进行双角度观测的传感器。利用多角度数据反演组分温度，需要对地表、大气以及传感器三个实体的热辐射传输进行反演。陈良富和徐希孺对该方法进行了较多的研究。

5. 单窗算法

只用一个热红外波段来获取温度，这种算法要求获取在水平和垂直方向上的温度、水汽含量等一系列参数。

此外举例覃志豪的单窗算法来说明：

为避免辐射传输方程对大气轮廓线数据的依赖性，覃志豪等根据地表热辐射传输方程推导出地表温度反演的单窗算法，建立了一种利用 TM 第六波段反演地表温度的单窗算法，其表达式由以下三个方程决定，公式如下：

$$T_s = \frac{a_6(1 - C_6 - D_6) + [b6(1 - C_6 - D_6) + C_6 + D_6]T_6 - D_6 T_a}{C_6} \tag{11}$$

$$C_6 = \varepsilon_6 \tau_6 \tag{12}$$

$$D_6 = (1 - \tau_6)[1 + (1 - \varepsilon_6)\tau_6] \tag{13}$$

其中，T_s 表示反演的地表温度，T_6 表示亮度温度，T_a 是大气平均作用温度，a_6 和 b_6 是常数 $-67.355\,351$ 和 $0.458\,606$，ε 是地表辐射率，表示大气透射率。该方法的介绍将在后面的反演过程中具体展开。

比较三种单窗算法，在参数都齐备的情况下，三种算法都能得到较准确的结果，其中辐射传输方程法结果最为准确。覃志豪和 Jiménez-Muñoz 等提出的算法都是对前者进行简化从而避免了对大气轮廓线的依赖性，所需参数容易获得。覃志豪提出的方法具体实现过程又充分考虑了多种地物地表比辐射率的影响，因此受到国内外学者的广泛应用。研究中使用覃志豪的单窗算法来反演地表温度。

二、实验目的和要求

了解并掌握 ENVI 软件对遥感反演的原理以及操作流程，对其能够灵活运用；掌握 Arcmap 软件的栅格数据的叠加分析及缓冲区生成；熟练应用 Google Earth 软件。

利用 Landsat TM 数据，借助遥感和地理信息系统技术，提取地表温度，不透水面及植被覆盖度地表信息，分析城市密度、NDVI 和地表温度的关系；再通过 Google Earth 得到研究区绿地信息，进行绿地对热岛的影响分析。

（一）利用 ENVI 软件提取影像的不透水面和 NDVI 信息

实验运用线性光谱分解模型提取不透水面和植被覆盖图，计算过程包括最小噪音分离变换（MNF）、纯净像元指数（PPI）计算、选取端元等步骤，选定了植被、高反照率地物和低反照率地物三个端元组分。

（二）将像元 DN 值算成地表的亮度温度

实验使用 TM 的第 6 波段（波长范围 $10.5\mu m \sim 12.5\mu m$）作为获取地表热场空间信息的信息源。对 TM 图像，选取其热红外波段 6 作为反演波段。在将 DN 值转化为相应的热辐射强度值的过程中，NASA 提供了 Landsat 用户手册中的辐射校正公式。对于热红外波段，其定标系数均是给定的，公式如下：

$$T_6 = 1\ 260.56/ln\left[1 + 607.76/(1.237\ 8 + 0.055\ 158DN_{TM6})\right] \tag{14}$$

$$T_{61} = 1\ 282.71/ln\left[1 + 666.09/0.066\ 823\ 5DN_{TM6}\right] \tag{15}$$

其中 T_6 和 T_{61} 分别表示 TM 和 ETM+的光谱辐射亮度，单位是 $W/(m^2.\ ster.\ \mu m)$，DN 是图像的灰度值。

（三）将亮度温度换算成地表真实温度

亮度温度表达的是大气层外表面的温度情况。要想获得地表的真实温度，必须对亮度温度进行大气校正和地表比辐射率的校正。根据覃志豪的温度反演方法，我们可以对亮度温度进行转换，得到我们需要的地表温度。覃志豪等根据地表热辐射传输方程推导出地表温度反演的单窗算法，其表达式需要的参数具体有大气平均作用温度、地表辐射率和大气透射率三个。

（四）获取研究区绿地信息，并对所有数据处理分析

运用 Google Earth 获取绿地信息，结合 Arcgis 软件分析城市密度、NDVI 和地表温度的关系，并分析绿地对热岛的影像。

文件以 Img 格式提供，存放于本书数字资源包（…\ex19\shapingba.img）。

三、实验步骤

研究区影像如图 19-1 所示。

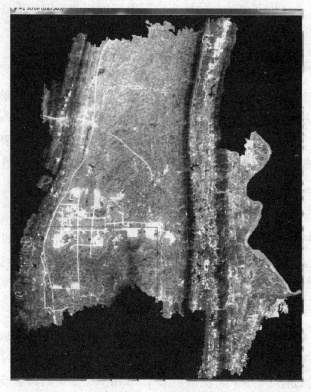

图 19-1　研究区影像图

（一）城市密度提取

1. 最低噪音分数变换

最低噪声分数变换（Minimun Noise Fraction，MNF）被用于判定图像数据内在的维数，隔离数据中的噪声，确定数据内在的维数，减少随后处理计算的需求。其本质上是两次层叠的主成分变换。第一次变换分离和重新调节数据中的噪声，产生的变换数据中噪声有单位变化，没有波段和波段间的相关。第二步是一次噪声白化数据的标准主成分变换。MNF 变换是目前广泛使用的空间转换方法，包括正向变换和反向变换，下面详细介绍具体操作过程：

（1）MNF 变换之前先进行波段组合

将 TM 数据的 1、2、3、4、5 和 7 波段进行波段组合。在 ENVI 菜单中，选择 File →Save File As→ENVI Standard→Import File 出现 Create New File Input File 窗口（见图 19-2）。选择 Spectral Subset，出现 File Spectural Subset 界面，选择 1、2、3、4、5 和 7 波段（见图 19-3），点击 OK，再次进入 Create New File Input File 界面，点击 OK 按钮，输出路径及保存名为 1-5.7TM. img 文件。

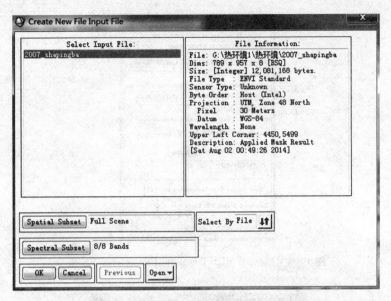

图 19-2 Create New File Input File 对话框

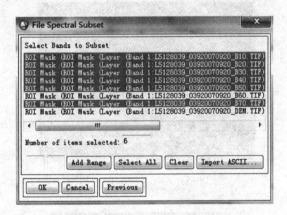

图 19-3 File Spectural Subset 对话框

（2）正向 MNF 变换

在 ENVI 主菜单中，选择 Spectral→MNF Rotation→Forward MNF→Estimate Noise Statistics Form Data，出现 MNF Transform Input File 界面中选择保存的 1-5.7TM. img 图像文件，点击 OK，出现 Forward MNF Transform Parameters 对话框（见图 19-4），在 Out Noise Stats Filename ［. sta］中选择输出路径及文件名为 Noise. sta 的文件，在 Out MNF Stats Filename ［. sta］中选择输出路径及文件名 MNF. sta，在 Enter Output Filename 中选择输出路径及文件名 MNF1. img，点击 OK 按钮即可（见图 19-5 和图 19-6）。

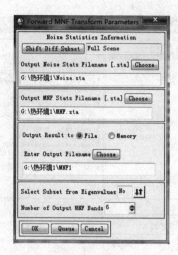

图 19-4　Forward MNF Transform Parameters 对话框

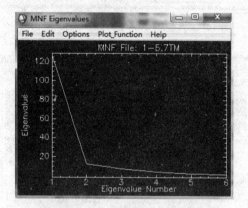

图 19-5　MNF Eigenvalues 界面

图 19-6　正向 MNF 变换图

（3）逆向 MNF 变换

在 ENVI 主菜单中，选择 Spectral→MNF Rotation→Inverse MNF Transform，在出现的 Inverse MNF Transform Input File 界面中选择保存的 MNF1. img 图像文件，点击 OK，出现 Enter Forward MNF Stats Filename 选择文件窗口（见图 19-7），选择保存的 MNF. sta 文件，点击 OK 按钮。在 Inverse MNF Transform Parameters 对话框中，选择输出文件保存路径及文件名为 MNF12. img 的文件（见图 19-8），点击 OK 按钮即可（见图 19-9）

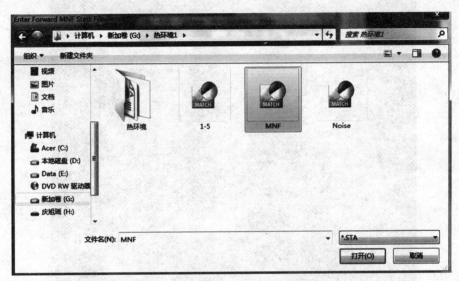

图 19-7　Enter Forward MNF Stats Filename 选择文件窗口

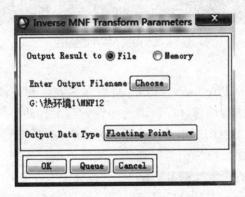

图 19-8　Inverse MNF Transform Parameters 对话框

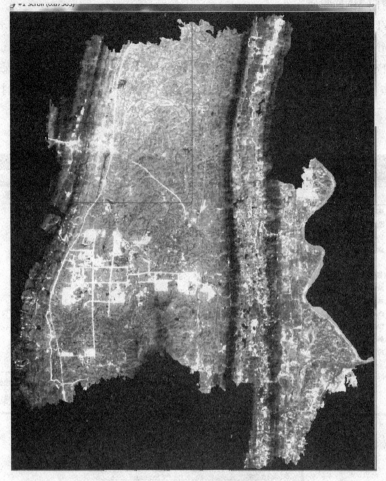

图 19-9 逆向 MNF 变换图

2. 纯净像元指数计算

纯净像元指数（Pure PixelIndex，PPI）可以在多波谱和高波谱图像中对原始图像进行一次筛选，寻找波谱最纯像元。波谱纯净像元与混合的终端单元相对应。纯净像元指数通过迭代将 N 维散点图影射为一个随机单位向量来计算。每次影射的极值像元被记录下来，并且每个像元被标记为极值的总次数也被记下来。一幅像元纯度图像被建立，在这幅图像上，每个像元的 DN 值与像元被标记为极值的次数相对应。像元值为零的像元表明影像中该像元不是纯净像元，像元值越高表示像元被标记为纯净像元的次数越多，像元越纯净。经过 PPI 转换，可以利用 PPI 图像设定阈值范围筛选纯净像元进行散点图分析，这样在不影响端元的选择的前提下，过滤掉了生成散点图的不纯净像元，减少了生成散点图的像元数。这样不仅减少了运算量，也提高了端元选择的精度。

在 ENVI 主菜单中，选择 Spectral→Pixel Purity Index→［FAST］New Output Band，在出现的 Fast Pixel Purity Index Input File 对话框中，选择 MNF12 文件，点击 OK 按钮，出现 Fast Pixel Purity Index Parameters 对话框（见图 19-10），在 Number of Iterations 中

输入 1 000，在 Thershold Factor 中输入 2.5，在 X Resize Factor 中输入 1.0000，在 Y Resize Factor 中输入 1.0000，在 Enter Output Filename 中输出路径及文件名为 PPI. img 的文件，点击 OK 按钮即可。出现 Fast Purity Index Calulation 界面（见图 19-11）和 Pixel Purity Index Plot 界面（见图 19-12），再在 Display 窗口中显示 PPI 结果（见图 19-13）。选择 Overlay→Region of Interest，在 ROI Tool 面板中，选择 Options→Band Threshold to ROI，选择 PPI 图像作为输入波段，单击 OK，打开 Band Threshold to ROI 对话框（见图 19-14）。Min Thresh Value：10，Max Thresh Value：空（PPI 图像最大值），其他默认设置，单击 OK 计算感兴趣区，得到的感兴趣区显示在 Display 窗口中（见图 19-15）。

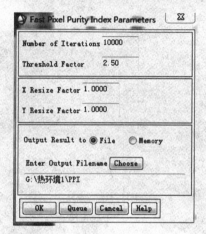

图 19-10　Fast Pixel Purity Index Input File 对话框

图 19-11　Fast Purity Index Calulation 界面

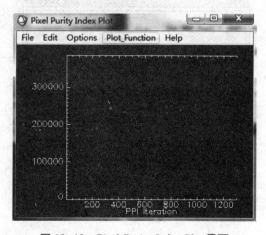

图 19-12　Pixel Purity Index Plot 界面

图 19-13　PPI 结果图

图 19-14　Band Threshold to ROI 对话框

图 19-15 感兴趣区显示图

3. n 维可视化（n-D Visualizer）选取端元

波谱可以被认为是 n 维散点图中的点（其中 n 是波段数）。n 维空间中的点坐标由 n 个值组成，它们只是一个给定像元的每个波段中波谱辐射或反射值。这些点在 n 维空间中的分布可以估计波谱的终端单元数以及它们的纯波谱信号数。n 维观察仪为 n 维可视化中选择终端单元提供了一个交互式工具。n 维可视化用于连接 MNF 和要定位、识别的纯净像元指数，并收集数据集中最纯的像元和极值波谱反应。在得到的 PPI 影像中通过设置阈值把用于选取端元的像元选择出来，导入 n 维可视化中，在对话框中选择 MNF 的前三波段，寻找散点图中的拐角，再使用 ROI 工具，将包含拐角的像素绘制到感兴趣区中。实验操作三种端元类型，分别是植被、高反照率地物和低反照率地物。

（1）构建 n 维可视化窗口

在 ENVI 主菜单中，选择 Spectral→n-Dimensional Visualizer→Visuzlize with New Data。在 n-Dimensiona Input File 对话框中，选择 MNF 变换结果 MNF12 文件，点击 OK

按钮。出现 n–D Visualizer 界面（见图 19–16）和 n–D Controls 界面（见图 19–17），在 n–D Controls 界面中，选择 1、2、3 波段，构建 3 维的散点图。

图 19–16　n–D Visualizer 界面

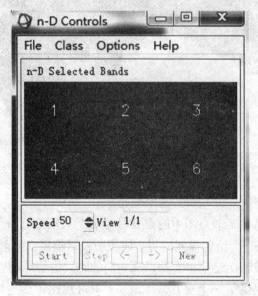

图 19–17　n–D Controls 界面

（2）选取端元波谱

在 n–D Controls 面板中，单击 Start 按钮，在 n–D Visualizer 窗口中的点云随机旋转，当在 n–D Visualizer 窗口中的点云有部分聚集在一起时（见图 19–18），单击 Stop 按钮。在 n–D Visualizer 窗口中，用鼠标左键勾画"白点"集中区域，选择的点被标示颜色。在 n–D Visualizer 窗口中，单击右键选择 Class→New 快捷菜单，重复选择其他"白点"集中区域（见图 19–19）。

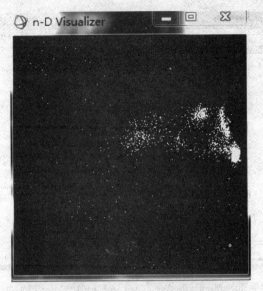

图 19-18　n-D Visualizer 界面数据转动图

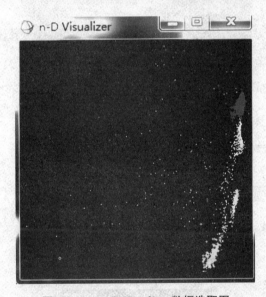

图 19-19　n-D Visualizer 数据选取图

（3）输出端元波谱

在 n-D Controls 面板中，选择 Options→Mean All，在 Input File Associated with n-D Scatter Plot 对话框中选择原图像（见图 19-20），单击 OK 按钮。获取的平均波谱曲线绘制在 n_ D Mean 绘图窗口中（见图 19-21）。在 n_ D Mean 绘图窗口中，选择 File→Save Plot As→ASCII，将端元波谱保存文本文件（见图 19-22）。

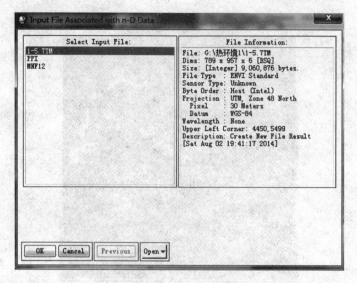

图 19-20　Input File Associated with n-D Scatter Plot 对话框

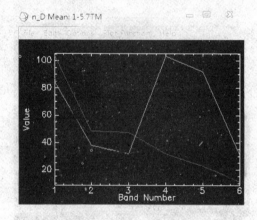

图 19-21　n_ D Mean 窗口

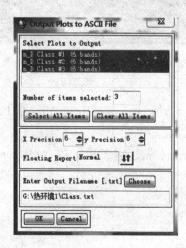

图 19-22　Output Plots to Outout 对话框

4. 线性波谱分离

线性波谱分离根据地物的波谱特征判定多波谱图像中地物相对丰度，认为图像中每个像元的反射系数是在这一像元点上每种地物的反射系数的线性组合。波谱分离的精度高度依赖于输入的终端单元，且随终端单元的改变而改变。

在 ENVI 主菜单中，选择 Spectral→Mapping Methods→Linear Spectral Unmixing，在 Unmixing Input File 对话框中选择 1-5.7TM. img 文件，点击 OK 按钮（见图 19-23）。打开 Endmember Collection：Unmixing 对话框，选择 Import→from ASCII file，选择已保存的 class. txt 文件（见图 19-24），打开 Input ASCII File 对话框，点击 Select ALL Items，点击 OK 按钮。点击 Select ALL，再点击 Apply 按钮，打开 Unmixing Parameters 对话框，输出保存路径及文件名 1-5.7TM_ TM. img 的文件，点击 OK 按钮即可，查看结果（见图 19-25、图 19-26、图 19-27 和图 19-28）。

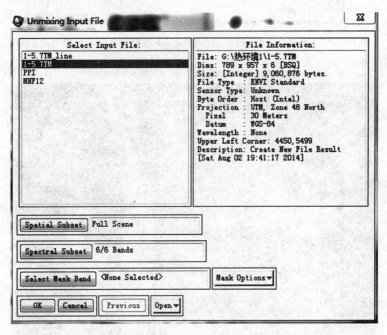

图 19-23　Unmixing Input File 对话框

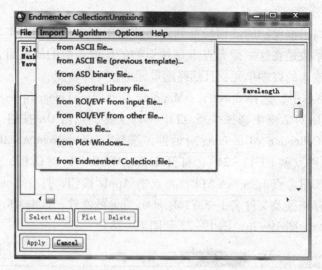

图 19-24　Endmember Collection：Unmixing 菜单中 from ASCII file 工具

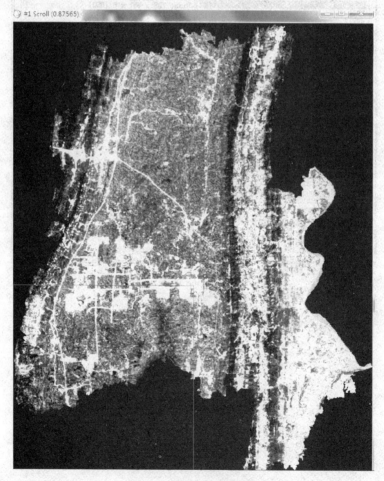

图 19-25　反照地物盖度图

图 19-26　低反照地物盖度图

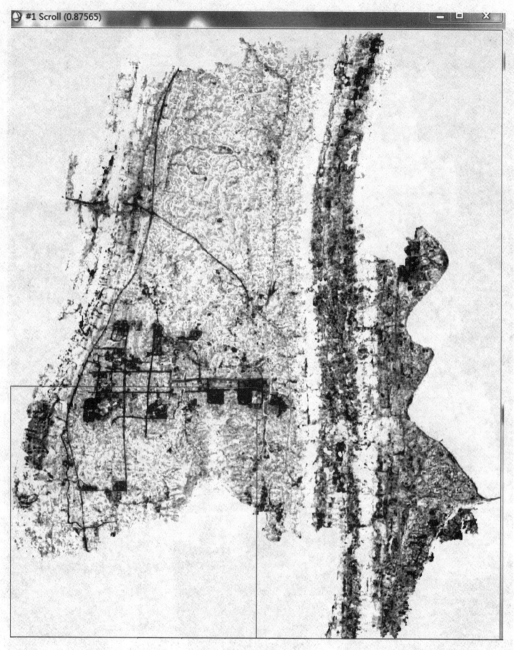

图 19-27　植被盖度图

图 19-28　均方根误差图

5. 计算不透水面率

不透水面可认为是高、低反照率之和。关于高反照率和低反照率的公式如下：

$$R_{imp,\,b} = f_{low}R_{low,\,b} + f_{high}R_{high,\,b} + e_b \tag{16}$$

$R_{imp,b}$ 是波段 b 中不透水面的反射率，f_{low} 和 f_{high} 分别是低反照率和高反照率地物的面积比例，$R_{low,b}$ 和 R_{high} 分别是低反照率和高反照率地物在 b 波段的反射率，e_b 是残差。约束条件为 $f_{low} + f_{high} = 1$，并且 $f_{low} \geqslant 0$，$f_{high} \geqslant 0$。

由于水体作为低反照率端元，所有在提取不透水面之前需要对水体进行掩膜。采用归一化差异水体指数 MNDWI，公式如下：

$$MNDWI = (p_{green} - p_{mir})/(p_{green} + p_{mir}) \tag{17}$$

其中，p_{green} 和 p_{mir} 分别为绿光波段和中红外波段的反射率。

在 ENVI 主菜单中，选择 Basic Tools→Band Math，在打开的 Band Math 中输入（b1 −b2）/（b1+b2）即可（见图 19-29），得到水体掩膜文件 1-5.7TM_ Mask。对高反射率与低反射率进行相加得到城市不透水率显示图（见图 19-30）。

图 19-29 Band Math 对话框

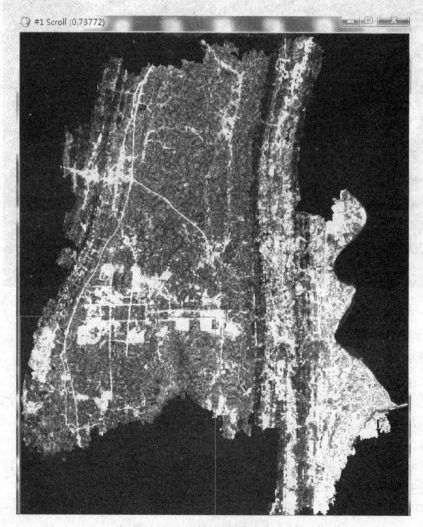

图 19-30 城市不透水率显示图

6. 计算城市密度

将实验区发展密度划分为四个等级：不透水面率小于 40% 的为非城市地区，不透水面率在 40%~60% 的为低城市发展密度区，在 60%~80% 的为中城市发展密度区，大于 80% 的则为高城市发展密度区（见图 19-31）。选择 Overlay→Density Slice，打开 Density Slice 对话框对城市不透水率影像进行类别划分。

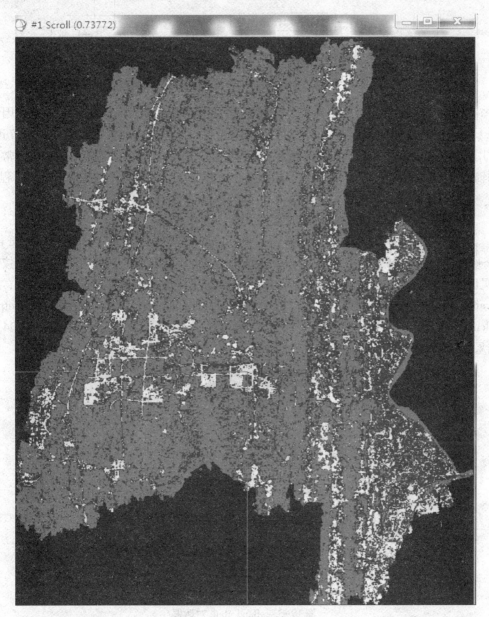

图 19-31　城市密度显示图

（二）地表温度的提取

实验对于温度的反演选用覃志豪的单窗口算法，反演的流程如图 19-32 所示。

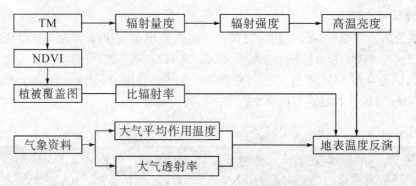

图 19-32 基于 TM/ETM+的地表温度反演技术流程图

由于遥感卫星在接收地面热红外辐射过程中受到了来自大气地表等诸多复杂因素的干扰，在进行地面真实温度反演之前，首先要对图像进行辐射校正和大气影响校正。常用影像的像元值是经过量化的、无量纲的 DN 值。如果要进行遥感定量化分析，常用到辐射亮度值、反射率值、温度值等物理量。传感器定标就是获得这些物理量的过程。

利用 TM 反演地表温度要经过以下几个步骤：

1. 计算 L6（L6 为遥感器接收的辐射强度）

在 ENVI 主菜单中，选择 Basic Tools→Band Math，打开的 Band Math 在 Enter an expression 中输入（15.303-1.238）＊b1/255.0+1.238，点击 Add to List。点击 OK 按钮（见图 19-33）。在打开的 Variables to Bands Pairings 对话框中选择，选中 b1 变量，在 Available Bands List 中选波段 6 影像 2007_ shapingba_ 6TM. img，在 Enter Output Filename 中输入保存路径及保存文件名 TM6_ L6. img，点击 OK 按钮（见图 19-34），结果如图 19-35 所示。

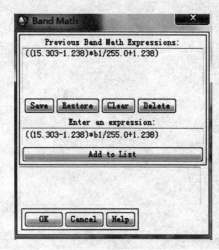

图 19-33 Band Math 对话框

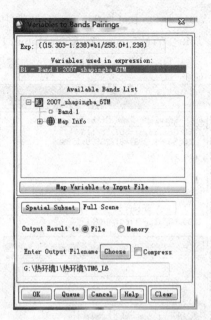

图 19-34　Variables to Bands Pairings 对话框

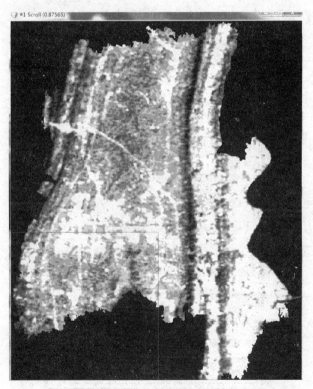

图 19-35　L6 显示图

2. 计算 T6（T6 为像元亮度温度）。

在 ENVI 主菜单中，选择 Basic Tools→Band Math，出现 Band Math 对话框，在 Enter an expression 中输入 1260.56/alog（1+607.76/b1），点击 Add to List。点击 OK 按钮

（见图 19-36）。在打开的 Variables to Bands Pairings 对话框中选中 b1 变量，在 Available Bands List 中选波段 6 影像 TM6_ 6TM. img，在 Enter Output Filename 中输入保存路径及文件名 TM6_ L_ T6. img，点击 OK 按钮（见图 19-37），结果如图 19-38 所示。

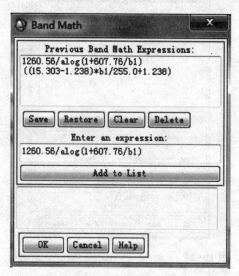

图 19-36　Band Math 对话框

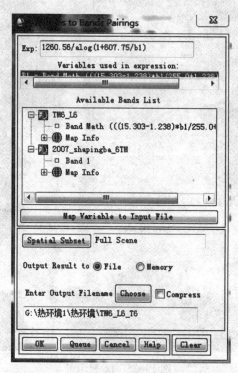

图 19-37　Variables to Bands Pairings 对话框

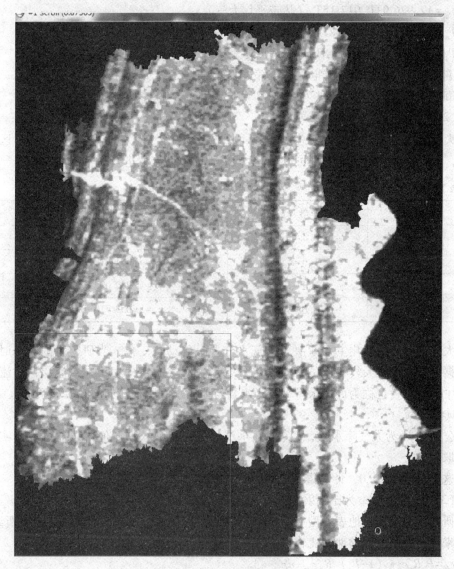

图 19-38 T6 显示图

3. 计算 C6

（1）计算 Ta（Ta 为大气平均作用温度）

大气平均作用温度主要取决于气温分布和大气状态。卫星过境时间较短，与其对应的实时大气剖面数据和大气状态值难以获取。通过分析标准大气的水分含量和气温随高程的变化规律，可以得出在标准大气状态下的大气平均作用温度与地面附近气温存在如下线性关系，对不同的地区，大气平均作用温度可以用下面各式获取。其中 T_0 是当日气象站数据资料获取地面附近气温（一般的观测数据是地面以上 2 米左右的高度）。重庆属于中纬度地带。

温度换算：$T_0 = t + 273.15$

$T_a = 25.939\ 6 + 0.880\ 45 T_0$ （美国 1976 平均大气）　　　　　　　　（18）

$T_a = 17.9769 + 0.91715T_0$（热带平均大气） $\qquad$ (19)

$T_a = 16.0110 + 0.92621T_0$（中纬度夏季平均大气） $\qquad$ (20)

$T_a = 19.2704 + 0.91118T_0$（中纬度冬季平均大气） $\qquad$ (21)

本图为 9 月份拍摄，选取对于中纬度夏季平均大气 $T_a = 16.0110 + 0.92621$，T_0 取重庆市平均气温 25 摄氏度时 $T_a = 292.15753$。

（2）计算 t_6（t_6 为大气透射率）

大气透射率可以根据大气总水分含量来决定。当水分含量在 $0.4 \sim 3.0\,\mathrm{g/cm^2}$ 区间变动时，大气透射率的估算方程可以通过表 19-1 的估计方程进行简单推算。

表 19-1 $\qquad\qquad\qquad\qquad\qquad$ 大气透射率估算方程

剖面	水汽含量（$\mathrm{g/cm^2}$）	大气透射率估算方程
高温剖面	$0.4 \sim 1.6$	$t_6 = 0.974290 - 0.08007w$
	$1.6 \sim 4.0$	$t_6 = 1.031412 - 0.11536w$
低温剖面	$0.4 \sim 1.6$	$t_6 = 0.982007 - 0.09611w$
	$1.6 \sim 4.0$	$t_6 = 1.053710 - 0.14142w$

大气透射率的变化主要取决于大气水分含量的动态变化，当研究范围较小时，可以根据卫星过境时天气状况估计大气水分含量。大气的水分集中在对流层，对流层空气柱中水汽总量也称为可降水量，可降水量与地面水汽压存在如下线性关系：

$w = 1.74e$ $\qquad$ (22)

公式中 W 为大气降水量，e 为地面水汽压力，其中水汽压值可以通过地面实测数据获取。

这里，取 $w = 2.0$，计算得到 $t_6 = 0.800692$

（3）计算 e_6（e_6 为比辐射率）

研究区为重庆，地表类型主要是由各种建筑物表面和分布其中的绿化植被所组成，一般来说，城镇像元的地表比辐射率也可类似地用公式（22）确定。

$e_6 = P_v R_v \varepsilon_v + (1 - P_v) R_m \varepsilon_m + d\varepsilon$ $\qquad$ (23)

式中，R_m 是建筑表面的温度比率；ε_m 是典型建筑表面的比辐射率，$\varepsilon_m = 0.970$；ε_v 是典型植被的比辐射，$\varepsilon_v = 0.98$；P_v 是植被覆盖图。公式中的 P_V 和 d_ε 计算公式如下：

$P_v = (NDVI - NDVIs) / (NDVIv - NDVIs)$ $\qquad$ (24)

式中，NDVIv 和 NDVIs 分别是图像上的植被和裸土的 NDVI 的均值。

$NDVI = (B4 - B3) / (B4 + B3)$ $\qquad$ (25)

式中，B4、B3 分别是 TM/ETM+ 的 4 和 3 波段的反射率。

$NDVI$ 的值越大，地表越接近于植被叶冠完全覆盖；$NDVI$ 值越小，越接近于完全裸土；而 $NDVI$ 介于植被与裸土之间时，表明有一定比例的植被叶冠覆盖和一定比例的裸土交混现象。可以通过以下三个公式确定各像元的植被覆盖度，即植被构成比例。

$d\varepsilon = 0.0038P_v$ $\quad$ $(P_v < 0.5)$ $\qquad$ (26)

$d\varepsilon = 0.003\ 8\ (1-P_v)\qquad (P_v > 0.5)$ （27）

$d\varepsilon = 0.001\ 9\ (P_v = 0.5)$ （28）

根据这一变化，用如下公式估计植被、裸土和建筑表面的温度比率：

$R_v = 0.933\ 2 + 0.058\ 5P_v$ （29）

$P_s = 0.990\ 2 + 0.106\ 8P_v$ （30）

$P_m = 0.988\ 6 + 0.128\ 7P_v$ （31）

①计算 NDVI

在 ENVI 主菜单中，选择 Basic Tools→Transform→NDVI（见图 19-39），在打开的 NDVI Calculation Input File 对话框中选择原始影像图 2007_ shapingba. img（见图 19-40），在打开的 NDVI Calculation Parameters 对话框中输入保存路径及保存文件名 2007_ shapingba_ NDVI. img（见图 19-41），点击 OK 按钮，结果如图 19-42 所示。

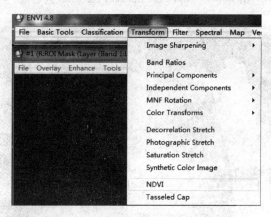

图 19-39　ENVI 菜单中 NDVI 工具

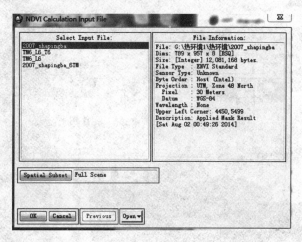

图 19-40　NDVI Calculation Input File 对话框

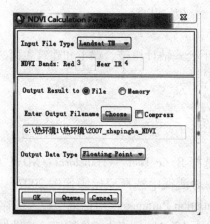

图 19-41　NDVI Calculation Parameters 对话框

图 19-42　2007 年 NDVI 显示图

②NDVI 重采样

在 ENVI 主菜单中，选择 Basic Tools→ Resize Data（见图 19-43），在打开的 Resize Data Input File 对话框中选择 2007_ shapingba_ NDVI. img 文件（见图 19-44），点击 OK 按钮，出现 Resize Data Parameters 对话框，在 xfac 和 yfzc 中均输入 0.500000，按 Enter Output Filename 输入保存路径和保存文件名 2007_ shapingba_ NDVI_ Resize. img （见图 19-45），点击 OK 按钮即可，查看结果（见图 19-46）。

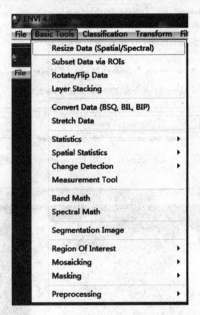

图 19-43　ENVI 菜单中 Resize Data 工具

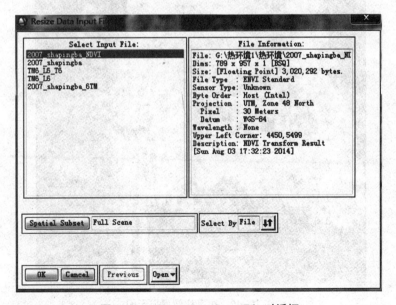

图 19-44　Resize Data Input File 对话框

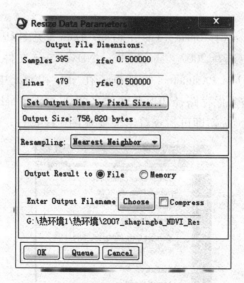

图 19-45   Resize Data Parameters 对话框

图 19-46   重采样结果显示图

③植被覆盖度计算

在 ENVI 主菜单中，选择 Basic Tools→Band Math，打开 Band Math，在 Enter an expression 中输入（b1 lt 0.0）＊0＋（b1 gt 0.7）＊1＋（b1 ge 0.0 and b1 le 0.7）＊（（b1-0.0）／（0.7-0.0）），点击 Add to List。点击 OK 按钮（见图 19-47）。在打开的 Variables to Bands Pairings 对话框中选中 b1 变量，在 Available Bands List 中选 2007_shapingba_ NDVI_ Resize. img 文件，在 Enter Output Filename 中输入保存路径及保存文件名 2007_ shapingba_ NDVI_ Resize_ vegetation. img，点击 OK 按钮（见图 19-48），查看结果（见图 19-49）。

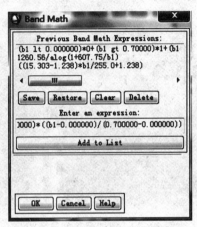

图 19-47　Band Math 对话框

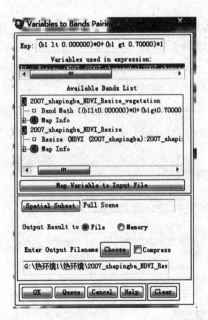

图 19-48　Variables to Bands Pairings 对话框

图 19-49　植被覆盖度显示图

④计算 e6

在 ENVI 主菜单中，选择 Basic Tools→Band Math，打开 Band Math，在 Enter an expression 中输入 b1 *（0.9332+0.0585 * b1）*0.98+（1-b1）*（0.9886+0.1287 * b1）*0.970+0.0038 * b1，点击 Add to List。点击 OK 按钮（见图 19-50）。在打开的 Variables to Bands Pairings 对话框中选中 b1 变量，在 Available Bands List 中选 2007_ shapingba_ NDVI_ Resize_ vegetation. img 文件，在 Enter Output Filename 中输入保存路径及保存文件名 e6. img，点击 OK 按钮（见图 19-51），查看结果（见图 19-52）。

图 19-50　Band Math 对话框

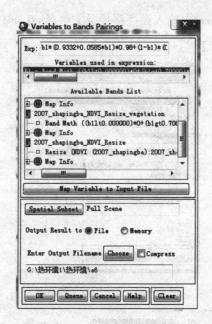

图 19-51　Variables to Bands Pairings 对话框

图 19-52　e6 计算结果显示图

⑤计算 C6

在 ENVI 主菜单中，选择 Basic Tools→Band Math，打开 Band Math，在 Enter an expression 中输入 0.800692 * b1，点击 Add to List。点击 OK 按钮（图 19-53）。在打开的 Variables to Bands Pairings 对话框中选中 b1 变量，在 Available Bands List 中选 C6. img 文

件，在 Enter Output Filename 中输入保存路径及文件名 c6. img，点击 OK 按钮（见图 19 -54），查看结果（见图 19-55）。

图 19-53　Band Math 对话框

图 19-54　Variables to Bands Pairings 对话框

图 19-55　C6 计算结果显示图

4. 计算 D6

在 ENVI 主菜单中，选择 Basic Tools→Band Math，打开 Band Math，在 Enter an ex-pression 中输入（1-0.800692）＊（1+（1-b1）＊0.800692），点击 Add to List。点击 OK 按钮（见图 19-56）。在打开的 Variables to Bands Pairings 对话框中选中 b1 变量，在 Available Bands List 中选 C6.img 文件，在 Enter Output Filename 中输入保存路径及保存文件名 D6.img，点击 OK 按钮（见图 19-57），查看结果（见图 19-58）。

图 19-56　Band Math 对话框

图 19-57　Variables to Bands Pairings 对话框

图 19-58　D6 计算结果显示图

5. 计算 Ts

在 ENVI 主菜单中，选择 Basic Tools→Band Math，打开 Band Math，在 Enter an expression 中输入-67.355351 *（1-b1-b2）+（0.458606 *（1-b1-b2）+b1+b2）* b3-b2 * 292.15753/b1-273.15，点击 Add to List。点击 OK 按钮（见图 19-59）。在打开的

Variables to Bands Pairings 对话框中选中 b1 变量，在 Available Bands List 中选择 C6. img，选中 b2 变量，在 Available Bands List 中选择 D6. img，选中 b3 变量，在 Available Bands List 中选择 T6. img，在 Enter Output Filename 中输入保存路径及保存文件名 Ts. img，点击 OK 按钮（见图 19-60），查看结果（见图 19-61）。

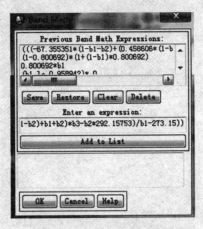

图 19-59　Band Math 对话框

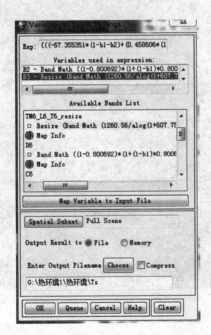

图 19-60　Variables to Bands Pairings 对话框

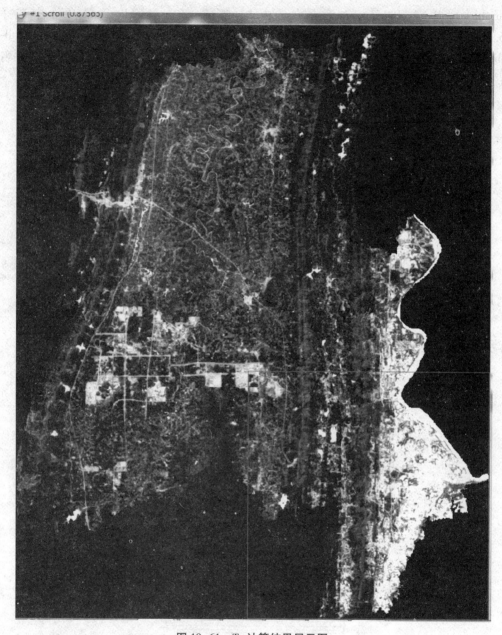

图 19-61　Ts 计算结果显示图

（三）城市绿地的提取

在 2007 年重庆 Google Earth 卫星影像图上圈出每个调查样地的区域范围，并将卫星图片导入 ArcGIS 10.2 软件，提取各个样地斑块的面积和周长信息。

（1）在 Arcmap 中打开沙坪坝区的矢量文件 Export_ Output（见图 19-62），选择 Arc-Toolbox→Conversion Tools→To KML→Layer To KML（见图 19-63），出现 Layer To KML 对话框（见图 19-64），在 Layet 中选择 Export_ Output 文件，在 Outout File 中输入保存途径及文件名 shapingba. kmz，在 Layer Output Scale 中输入 1，点击 OK 按钮即可。

图 19-62 重庆市沙坪坝区矢量显示图

图 19-63 ArcCatolog 菜单 Layer To KML 工具

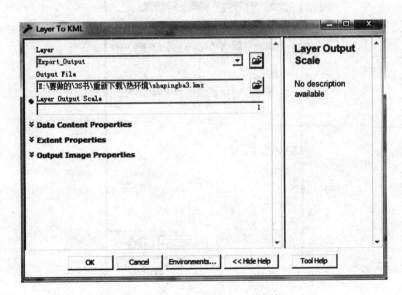

图 19-64 Layer To KML 对话框

（2）打开 Google Earth 软件，选择文件→打开，在出现的对话框中选择 shapingba. kmz 文件（见图 19-65）。

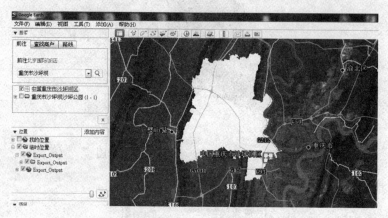

图 19-65　沙坪坝区在 Google Earth 中的显示图

（3）在 Google Earth 中矢量化，新建多边形（见图 19-66），点击按钮后出现 Google Earth 编辑多边形对话框（图 19-67），在 Google Earth 中，当鼠标变成田字框时，按住鼠标左键不动，拖动确定研究区的形状，完成后还可以用鼠标拖动边界修改（见图 19-68）。

图 19-66　google earth 矢量化工具条

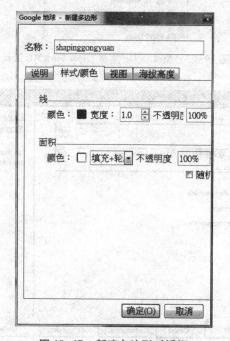

图 19-67　新建多边形对话框

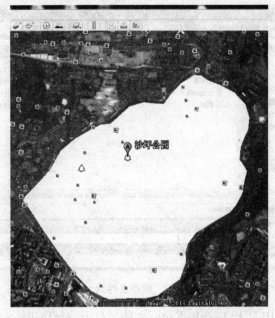

图 19-68　Google Earth 矢量结果图

（4）保存 Google Earth 文件。右键点击沙坪公园，点击将位置另存为（见图 19-69），在打开的保存文件对话框中选择 KML 文件（见图 19-70）。

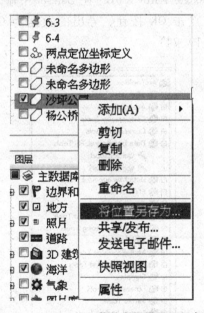

图 19-69　Google Earth 菜单中矢量图层保存工具

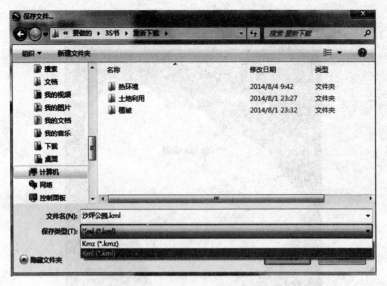

图 19-70　保存文件对话框

（5）在 Arcmap 中打开 Google Earth 文件。打开 ArcToolbox→Data Interoperability
Tools→Quick Import（见图 19-71），双击 Quick Import 打开 Quick Import 对话框（见图
19-72），点击 Input Dataset 设置参数。打开 Specify Input Data Source 对话框（见图 19-
73），在 Fomat 中，选择 Google Earth KML，在 Dateset 中输入保存路径，在 Coordinate
System 中设置投影信息，点击 OK 按钮，导出的数据为 Geodatabase. gdb 格式，在
Arcmap 中加载即可（见图 19-74）。

图 19-71　ArcCatolog 菜单中 Quick Import 工具

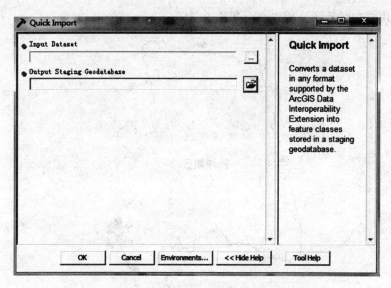

图 19-72 Quick Imput 对话框

图 19-73 Specify Input Data Source 对话框

图 19-74 绿地添加后 Arcmap 中的显示图

（6）重复 3~5 操作。依次加载沙坪坝区三类共 7 块绿地，分别为两块公园绿地：沙坪公园、平顶山公园；4 块附属绿地：兰溪谷地、重庆师范大学、重庆大学 A 区、新桥医院；1 块立交绿地杨公桥立交（见图 9-75）。

图 19-75　所有绿地添加后 Arcmap 中的显示图

（四）绿地对地表温度的影响

1. 提取绿地缓冲区

在 Tools 菜单中，点击 按钮，打开 Buffer Wizard 对话框（见图 19-76），在 The features of a layer 中选需要缓冲的文件，点击"下一步"按钮。在打开的 Buffer Wizard 对话框中，在 As multiple buffer rings 的 Number of 中输入 5，在 Distance between 中输入 60（见图 19-77），即做 5 个以 60 米为单位的缓冲区。点击"下一步"按钮，打开缓冲的文件（见图 19-78）。这样，每个绿地的样土上都形成了 5 个多边形。

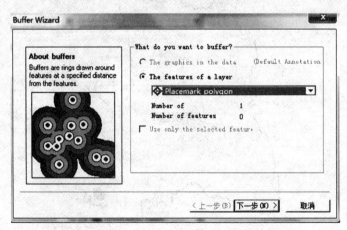

图 19-76　Buffer Wizard 对话框

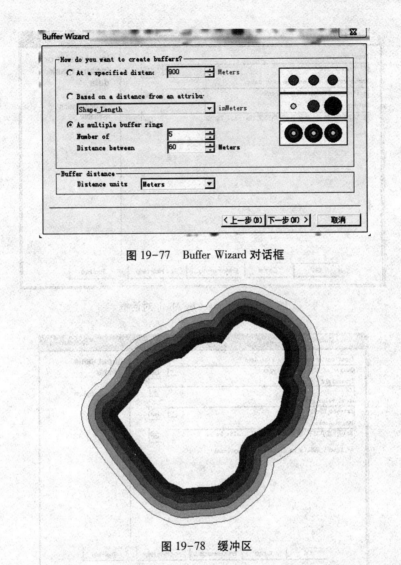

图 19-77　Buffer Wizard 对话框

图 19-78　缓冲区

2. 绿地缓冲区分析

在 Arcmap 中加载 Ts. tif 文件，选择 ArcToolbox→Spatial Analyst Tools→Extraction→Ectract by Mask（见图 19-79），在 Input raster 中输入裁减的栅格文件，在 Input raster or feature mask data 中输入矢量文件，在 Output raster 中输入保存路径及保存文件名，点击 OK 按钮，得到各个绿地的 5 个多边形提取的 2007 年地表温度。然后选择 Spatial Analysis Tools→Zonal→Zonal Statistics as table（见图 19-80），再在左下角数据栏处点击 source，点击表 Zonal Ts_ Buffer，即可得到属性表。Count 属性是栅格数目，Area 属性是面积，即可做各个样本区的缓冲区分析。

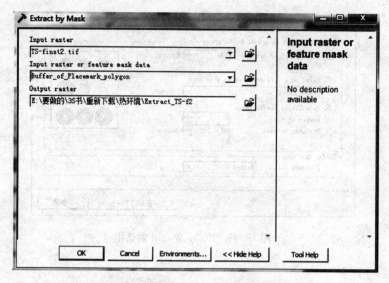

图 19-79　Ectract by Mask 对话框

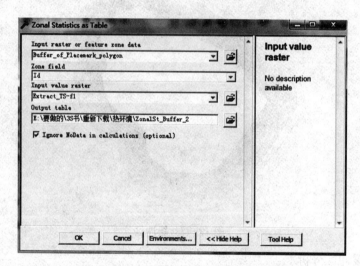

图 19-80　Zonal Statistics as table 对话框

（五）城市密度、NDVI 和地表温度的关系

在 Arcmap 中选择 ArcToolbox→Spatial Analys Tools→Math→Combinatirial And（见图 19-81），将上一步得到的城市密度图和 NDVI 图进行栅格叠加，选择 ArcToolbox→Spatial Analysis Tools→Zonal→Zonal Statistics as table（见图 19-82），对叠加图进行 Zonal 分析，得到属性表，即可对城市密度、NDVI 和地表温度的关系做统计分析。

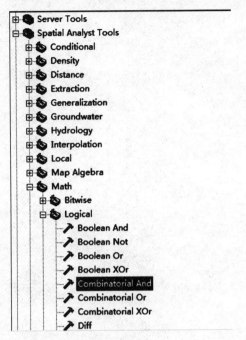

图 19-81　ArcCatolog 菜单中 Combinatorial And 工具

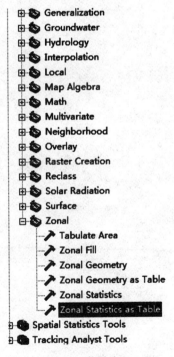

图 19-82　ArcCatolog 菜单中 Zonal Statistics as Table 工具

四、问题思考

土地利用与城市热岛有什么关系？城市河流对城市热岛有什么影响？